普通高等教育机电类系列教材

液压与气压传动实验指导

李万国　张　俐　刘光宇　编
张建斌　主审

机械工业出版社

本书针对机械工程学科“液压与气压传动”课程的实验课程要求编写，由四部分内容组成：流体力学基础部分，介绍流体流动阻力特性实验；液压传动部分，包括液压泵流量-压力特性及比例溢流阀应用实验、节流调速系统负载特性实验、电液比例伺服系统应用实验；气压传动部分，介绍气动自动化系统实现实验；拆装部分，介绍多种常用液压泵、液压阀和液压缸的拆装实验。

本书以较多篇幅介绍了现代电液比例伺服技术的相关实验，以及和液压与气压传动紧密相关的计算机测控系统及自动化技术应用实验。

本书可作为高等学校机械学科本科各专业“液压与气压传动”课程的实验指导书，也可作为高职高专院校相关专业师生参考书。

图书在版编目（CIP）数据

液压与气压传动实验指导/李万国，张俐，刘光宇编. —北京：机械工业出版社，2019.5（2024.8重印）

普通高等教育机电类系列教材

ISBN 978-7-111-62586-5

Ⅰ.①液… Ⅱ.①李… ②张… ③刘… Ⅲ.①液压传动-实验-高等学校-教材②气压传动-实验-高等学校-教材 Ⅳ.①TH137-33②TH138-33

中国版本图书馆CIP数据核字（2019）第072380号

机械工业出版社（北京市百万庄大街22号 邮政编码100037）
策划编辑：徐鲁融 责任编辑：徐鲁融 余 皞
责任校对：张 力 封面设计：张 静
责任印制：郜 敏
北京富资园科技发展有限公司印刷
2024年8月第1版第2次印刷
184mm×260mm · 7.75印张 · 186千字
标准书号：ISBN 978-7-111-62586-5
定价：29.00元

电话服务 网络服务
客服电话：010-88361066 机 工 官 网：www.cmpbook.com
010-88379833 机 工 官 博：weibo.com/cmp1952
010-68326294 金 书 网：www.golden-book.com
封底无防伪标均为盗版 机工教育服务网：www.cmpedu.com

前　言

科研实验是科学探索的重要手段之一，与此相区别，教学实验的功能则是帮助学生更好地掌握课程内容，进而培养学生的动手能力和实验探索能力。工科课程的主要特征之一是它的学科综合性，每一门课程都广泛地与其他课程相联系，这一特点在理论课的教与学的过程中显现得还不是很充分，但是在实验课程中，尤其在综合实验课程中却体现得十分鲜明。教学实验作为理论与实践的中间环节，在阐释理论内容的同时，又能在实验设备的应用和操作过程中，让学生深刻体会到与其他课程的紧密联系，从而在学习本课程的同时，也巩固了相关课程的知识，并且潜移默化地将本课程置于普遍联系的大学科系统之中，既深化了对本课程的认识，也让头脑中各相关学科的知识自然而然地融会贯通起来。

本书与“液压与气压传动”理论课教材相配套，在实验教学内容的安排方面，则是在以液压与气压传动理论课的重点内容为核心的基础上，适当向外扩展，紧密联系流体力学、机械设计、自动控制原理、电工学等课程，尤其加强机电一体化、工业控制和计算机测控系统方面的应用实践。本书旨在使学生充分意识到，在新时代的科技背景下，单纯的液压与气压传动装置难以独立存在和运行，尤其在信息化技术充分发展的21世纪，信号检测和自动控制等自动化技术对于现代化传动系统是不可或缺的，从而建立起普遍联系的系统概念。在这里，测控技术不仅仅被当作液压与气压传动课程的实验手段，从应用和操作的角度看，也成为实验课程的教学内容之一。

本书的另一个特色是内容详细，充分结合具体的实验设备，便于自学。本书用了较多的篇幅介绍实验原理、实验设备、重点元器件的使用方法，并提供了详细的实验步骤和操作方法，配备了较多的实物照片。这样编写主要考虑的是：实验课的课时有限，上课时教师没有充足的时间介绍这些细节，只能靠学生在课前多预习，学生在上课时便可对照着本书了解实物，熟悉实验方法，加强感性认识，减少对教师的依赖，提高自学和自主能力，获取更多的成就感，同时也可以节省课上时间。因此，本书在编写上尽量避免抽象和粗泛，对各实验均基于具体的实验设备展开介绍，期望能给使用本书的老师和同学们带来很好的使用效果。

本书对于电液比例伺服闭环系统有所涉及，由于理论课的课时有限，一般不深入讲解这部分内容，因此本书也只是在应用层面上给予关注，目的是让学生体会和了解自动控制技术在液压与气压传动领域的具体表现形式，在学术深度上则有所保留。

本书由北京航空航天大学的李万国、张俐，内蒙古民族大学的刘光宇共同编写。

北京航空航天大学的张建斌教授审阅了全书并提出了宝贵意见，本书的出版得到了北京航空航天大学机械工程及自动化学院的大力支持，在此谨表由衷的谢意！

由于编者水平有限，书中难免有不妥之处，恳请读者批评指正。

编　者

目　录

前　言

实验一　流体流动阻力特性实验 …………… 1

1.1　概述 ……………………………………… 1

1.2　实验目的 ………………………………… 1

1.3　实验原理 ………………………………… 1

1.4　实验装置 ………………………………… 3

1.5　实验操作 ………………………………… 8

1.6　数据处理及实验报告 …………………… 10

1.7　流体实验设备的一些常规注意事项 …… 11

实验二　液压泵流量-压力特性及比例溢流阀应用实验 …………………… 13

2.1　概述 ……………………………………… 13

2.2　实验目的 ………………………………… 13

2.3　实验原理 ………………………………… 14

2.4　实验装置 ………………………………… 15

2.5　实验操作 ………………………………… 28

2.6　数据处理及实验报告 …………………… 31

实验三　节流调速系统负载特性实验 …… 34

3.1　概述 ……………………………………… 34

3.2　实验目的 ………………………………… 34

3.3　实验原理 ………………………………… 34

3.4　实验装置 ………………………………… 36

3.5　实验操作 ………………………………… 39

3.6　数据处理及实验报告 …………………… 44

实验四　电液比例伺服系统应用实验 …… 47

4.1　概述 ……………………………………… 47

4.2　实验目的 ………………………………… 48

4.3　实验原理 ………………………………… 48

4.4　实验装置 ………………………………… 49

4.5　实验操作 ………………………………… 53

4.6　数据处理及实验报告 …………………… 61

实验五　气动自动化系统实现实验 ……… 65

5.1　概述 ……………………………………… 65

5.2　实验目的 ………………………………… 65

5.3　实验原理 ………………………………… 65

5.4　实验装置 ………………………………… 68

5.5　实验操作 ………………………………… 81

5.6　数据处理及实验报告 …………………… 86

实验六　液压泵的拆装实验 ……………… 88

6.1　概述 ……………………………………… 88

6.2　实验目的 ………………………………… 88

6.3　实验装置 ………………………………… 88

6.4　实验内容及实验原理 …………………… 88

6.5　几种典型液压泵的常见故障及排除方法 …………………………………… 94

实验七　液压阀和液压缸的拆装实验 …… 98

7.1　概述 ……………………………………… 98

7.2　实验目的 ………………………………… 98

7.3　实验装置 ………………………………… 98

7.4　实验内容及实验原理 …………………… 99

7.5　几种典型液压阀的使用注意事项 …… 108

7.6　几种典型液压阀的常见故障及排除方法 …………………………………… 109

附录 ………………………………………… 114

附录 A　0~60℃水的动力黏度表 ………… 114

附录 B　1990 国际温标下纯水的密度表 …… 114

参考文献 …………………………………… 117

实验一

流体流动阻力特性实验

1.1 概述

流体在流动过程中不可避免地要产生能量损失，通常用水头损失来表示。产生能量损失的原因在于流体在流动过程中因黏性产生内摩擦力，更因管道、管道附件及其他扰动因素导致流体微团的运动紊乱而产生附加能量损失。流体流动阻力的大小与流体的物性、流动状况及壁面等因素有关。根据能量守恒定律可知能量并不会消失，所以能量损失的本质是一部分有用能量转化为不可用能量，通常是转化为热能，导致系统升温，不但影响系统性能，还要配备冷却装置，使系统结构变得复杂，成本上升。

流体在管道内流动时的能量损失包括沿程损失和局部损失。本实验设置了如下三个项目。

1）光滑管沿程损失实验。

2）粗糙管沿程损失实验。

3）闸阀局部损失实验。

1.2 实验目的

1）对流体流经直管和阀门时的流动阻力现象增强感性认识，掌握实验和测试方法，了解流体流动中能量损失的变化规律。

2）测定光滑管流动阻力系数 λ 及其与雷诺数 Re 的关系。

3）测定粗糙管流动阻力系数 λ 及其与雷诺数 Re 的关系。

4）测定流体流经闸阀时的局部阻力系数 ζ。

1.3 实验原理

1.3.1 直管沿程阻力系数 λ 的测定

直管沿程阻力系数 λ 的测定包括光滑管沿程阻力系数测定和粗糙管沿程阻力系数测定两项内容。

对于等直径水平直管段，根据两测压点间的伯努利方程，阻力损失可表示为

$$h_f=\frac{\Delta p}{\rho g}=\lambda\ \frac{l}{d}\ \frac{v^2}{2g}$$

由此可得阻力系数

$$\lambda=\frac{2d\Delta p}{\rho l v^2} \tag{1.1}$$

式中　h_f——沿程阻力水头，单位为 m；

λ——沿程阻力系数，量纲为 1；

l——直管长度，单位为 m；

d——管内径，单位为 m；

Δp——流体流经直管的压力降，单位为 Pa；

v——流体截面平均流速，单位为 m/s；

ρ——流体密度，单位为 kg/m^3。

由式（1.1）可知，欲测定 λ，需知道 l、d、Δp、v 和 ρ。对于确定的实验装置，l 和 d 为已知量；相应测压点间的压降 Δp 可在实验中测得；测得流体温度，则可查得流体的 ρ 值；测得流量，则可由管径 d 计算流速 v。

对于光滑管紊流情况，可以通过式（1.2）计算 λ 的理论值。

当 $2320<Re<10^5$ 时，

$$\lambda=0.3164Re^{-0.25} \tag{1.2}$$

对于粗糙管，可以通过实验获得的沿程阻力系数 λ，反过来估算当量粗糙度 Δ 及相对粗糙度 Δ/d。令 $\varepsilon=\Delta/R=2\Delta/d$，则 λ 与 Δ 之间的关系为：

当 $\dfrac{59.7}{\varepsilon^{8/7}}<Re<\dfrac{665-765\lg\varepsilon}{\varepsilon}$ 时，有

$$\frac{1}{\sqrt{\lambda}}=-1.8\lg\left[\frac{6.8}{Re}+\left(\frac{\Delta}{3.7d}\right)^{1.1}\right] \tag{1.3}$$

当 $Re>\dfrac{665-765\lg\varepsilon}{\varepsilon}$ 时，有

$$\lambda=\left(2\lg\frac{3.7d}{\Delta}\right)^{-2} \tag{1.4}$$

1.3.2　局部阻力系数 ζ 的测定

局部阻力的表达式为

$$h'_f=\frac{\Delta p}{\rho g}=\zeta\ \frac{v^2}{2g}$$

由此可得

$$\zeta=\frac{2\Delta p}{\rho v^2} \tag{1.5}$$

式中　ζ——局部阻力系数，量纲为 1；

Δp——管道附件局部阻力压降，单位为 Pa。

式（1.2）中 ρ、v、Δp 等的获得方法与直管阻力测定方法相同。

1.4　实验装置

1.4.1　实验回路

实验回路如图 1.1 所示。其中离心泵电动机由变频器驱动。

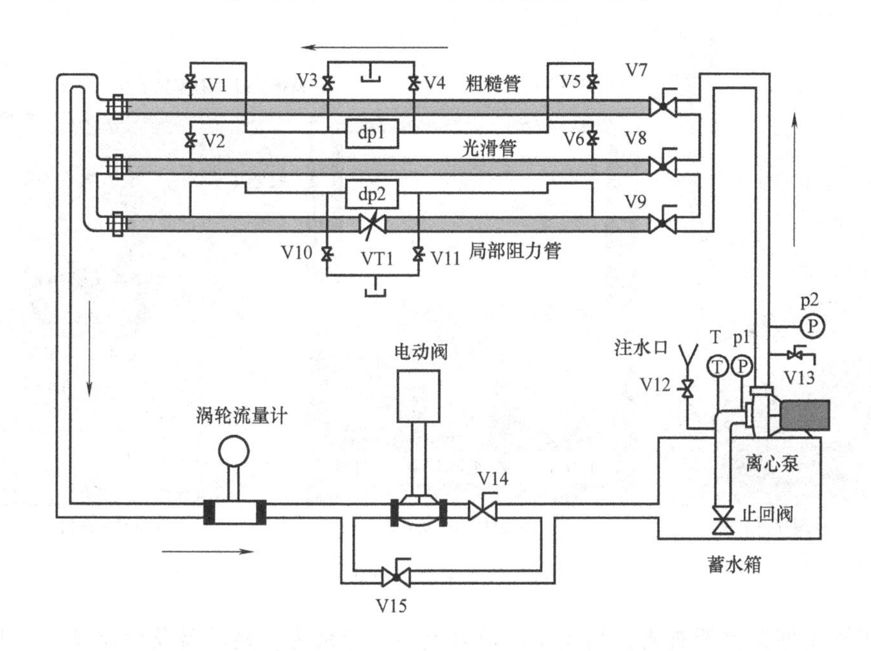

图 1.1　流体流动阻力特性实验回路原理图

V1～V15—开关阀（截止阀）　VT1—闸阀　dp1、dp2—压差传感器

p1、p2—压力传感器　T—温度传感器

被试件为粗糙管、光滑管和局部阻力管及闸阀 VT1，三条被试管道并联。以水为流体介质，采用可变频调速的离心泵为流量源，通过开关阀 V7、V8 和 V9 来切换被试管道。粗糙管和光滑管共用一个压差传感器 dp1，由 V1、V5 和 V2、V6 来切换；局部阻力管两端的压力差由压差传感器 dp2 测量。V3、V4 和 V10、V11 用于给三条被试管道及压差传感器放气。V13 用于给泵出口管道放气，V12 用于接通和断开注水口与泵出口管道。电动阀用于流量调节，V15 用于接通或断开旁通管道。

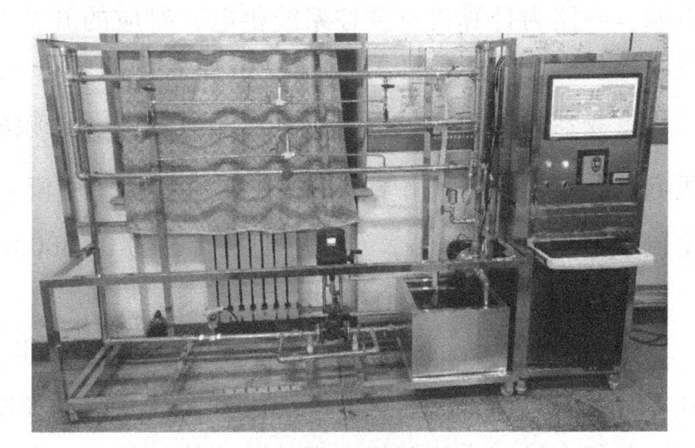

图 1.2　流体流动阻力特性实验台照片

需要说明的是，由于离心泵采用靠变频器实现变频调速的驱动方式，所以流量调节也可以采用变频器进行。

实验台照片如图 1.2 所示。该照片与图 1.1 所示原理图对应。

1.4.2　测控装置

实验回路的切换依靠人工手动开关阀来完成，本实验的测控装置包括传感器和测控柜，传感器分布在实验回路中，如图 1.1 所示，测控柜如图 1.3 所示。

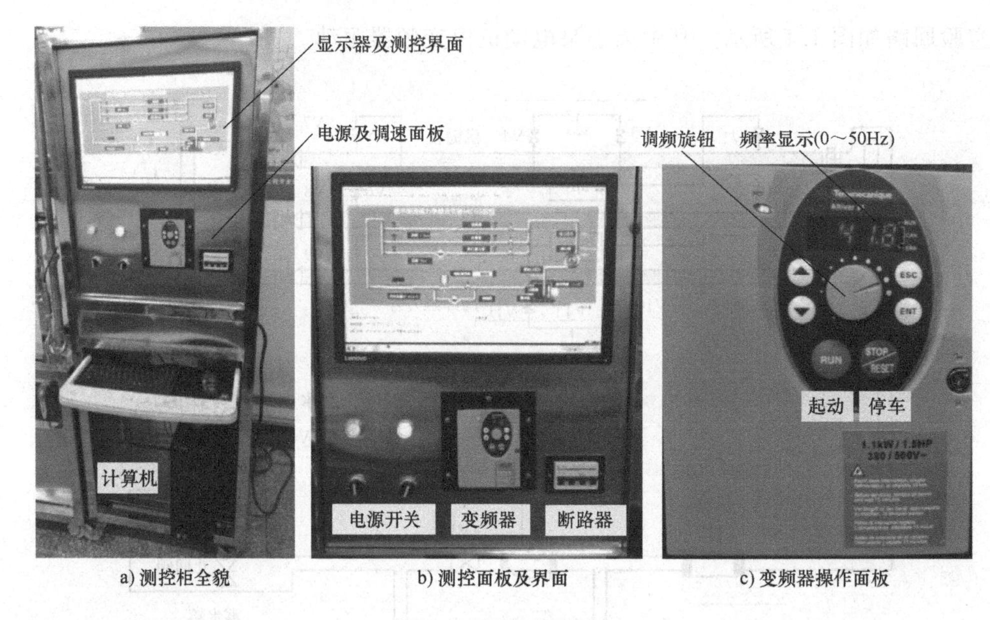

a) 测控柜全貌　　b) 测控面板及界面　　c) 变频器操作面板

图 1.3　测控柜照片

测控柜置于回路台架右侧，其操作面板自上而下分别为：显示器及测控界面、电源及调速面板、计算机。测控柜的功能有：计算机采集、数据记录、电动阀调节及离心泵的变频调速。

下面简介其使用方法。

1. 电源及变频调速

系统通过断路器连接外部三相 380V 电源，之后，此三相电源就被分为两路 220V 供电电源，一路为计算机及测控系统供电，对应的开关为图 1.3b 中左侧的电源开关；另一路为变频器供电，对应的开关为图 1.3b 中右侧的电源开关。

变频器的操作面板上分布有液晶显示器、调频旋钮、起停按钮等。按钮 RUN 用于电动机起动，按钮 STOP 用于停车。旋转调频旋钮可调节频率，顺时针方向为频率升高方向，频率调节范围为 0~50Hz，对应电动机转速为 0~3000r/min。液晶屏用来显示频率设定值。

2. 数据采集及电动阀调节

数据采集系统的硬件包括计算机及相应的板卡，测控软件的快捷方式在计算机桌面上，名称为智能设备监控系统，如图 1.4 所示。

图 1.4　测控软件快捷方式

鼠标左键双击该图标，可启动测控软件。如图 1.5 所示。

启动时，测控软件进行初始化，软件界面会发生抖动，数秒后抖动停止，表示可以正常工作了。测控界面上画出了实验回路，尤其标注了各传感器所在位置，并有数值显示框实时显示测量值。该回路图与图 1.1 所示回路完全对应。

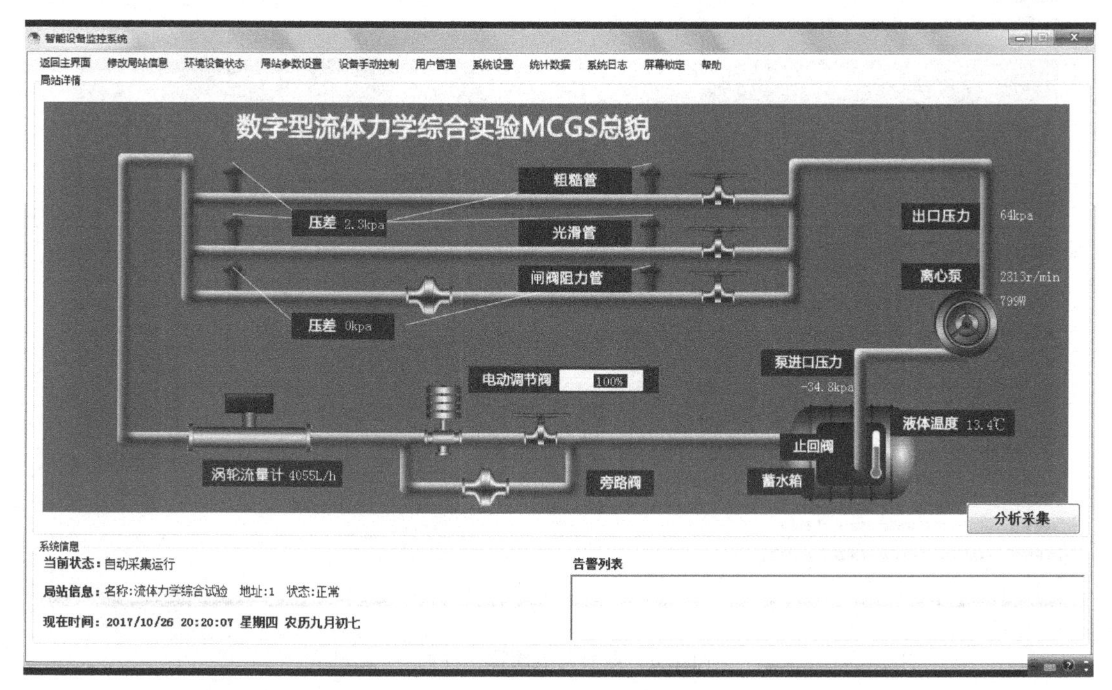

图 1.5　测控界面

所采集的数据包括以下各物理量。

1）四个压力量。粗糙管或光滑管压差、闸阀阻力管压差、泵出口压力、泵进口压力，以上四个量的单位均为 kPa。

2）流量。单位为 L/h，信号来自涡轮流量计。

3）转速。单位为 r/min，信号来自转速传感器，安装在电动机尾部。

4）温度。单位为℃，信号来自温度传感器，安装在水箱上部。

另外，回路中安装了电动阀门，通过调节阀门开度来改变回水阻力，从而调节离心泵输出流量。

电动阀门的开度可以通过测控界面上电动调节阀旁边的数据输入框来设置。用鼠标右键单击该数据框，界面上出现如图 1.6 所示对话框，设置阀门开度的具体操作为：在阀门开度一行设置参数一栏红色填充格内输入所需要的开度，单击右边设置操作栏的下发设置，所设置的开度数值即显示在右边的读出值栏中，字体为红色；单击保存全部设置，出现对话框，显示“数据保存成功”，依次按确定和关闭窗口，完成开度设置；此时测控界面上电动调节阀右侧会显示所设置的开度值，如图 1.6 所示。开度值调节范围为 0~100，对应 0~100%的开度。

可见，本系统提供了两种调节流量的方式，一种是通过变频器调节离心泵电动机的转速来调节流量，一种是通过电动阀门改变回水阻力来调节流量。实验中，这两种方法都可以使

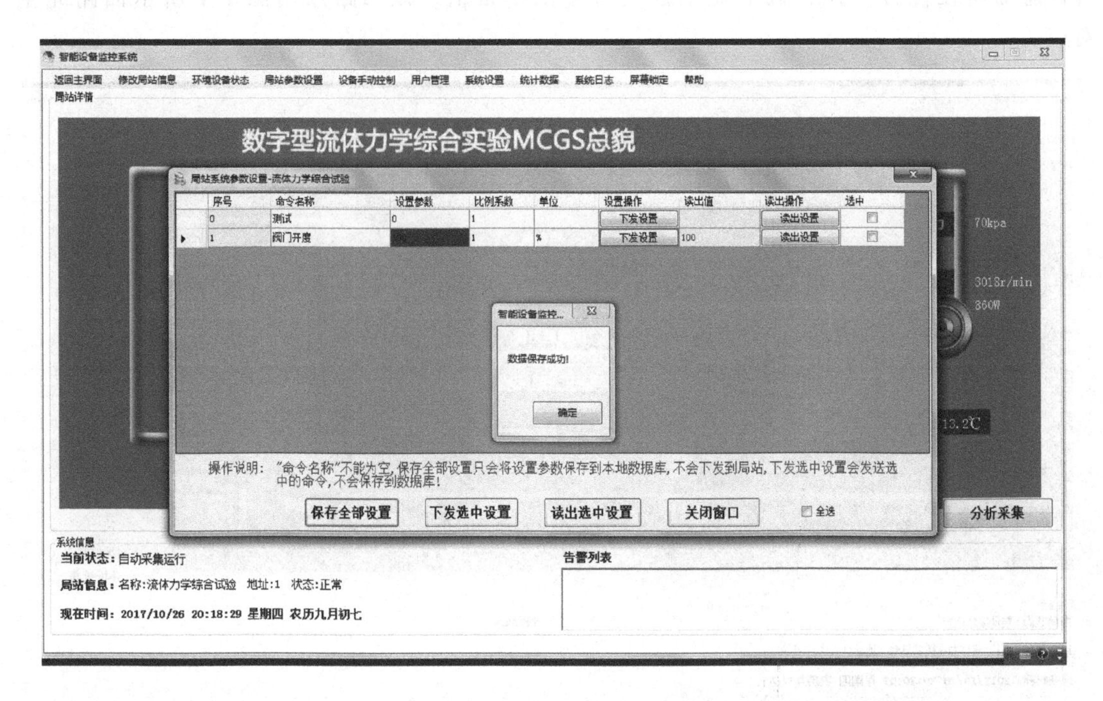

图 1.6 电动调节阀操作界面

用。不过，调节变频器更方便，因而本实验以变频调节方法为主。为此，开关阀 V14 和 V15 应处于常开状态，并且在设备起动后，首先要将电动调节阀的开度调至100%，以减小回路阻力，增大流量调节范围。

3. 数据保存

默认地，实验数据会一直实时采集到计算机中，每秒一组数据。这样记录下来的数据可以作为历史数据以备使用，不过数据量十分庞大。本实验属于静态测试，不需要记录动态数据，每次调整好流量，待回路状态稳定后记录一组数据即可。

若要查看历史数据，可单击统计数据，数据即显示在右侧窗格中。该数据亦可导出为 excel 文件。

关于静态实验数据的记录，这里提供两条途径。

1）手机拍照法。可以用手机拍照记录测控界面，因为所有数据都显示在界面中，这样记录并不会丢失信息，不过需要手工记录实验项目名称及时间，以区分实验数据；也可以用手机拍照记录第二种方法保存的 excel 表格。

2）保存数据文件法。单击右下角的分析采集，初次单击时会出现如图 1.7 所示对话框。

输入文件名并选好保存路径即可，可保存到桌面上的“实验者姓名”文件夹。保存的文件为 excel 格式，文件内容如图 1.8 所示。

该文件的缺点是各栏数据没有标题，图 1.9 给出了从左至右各栏数据对应的物理量及单位。

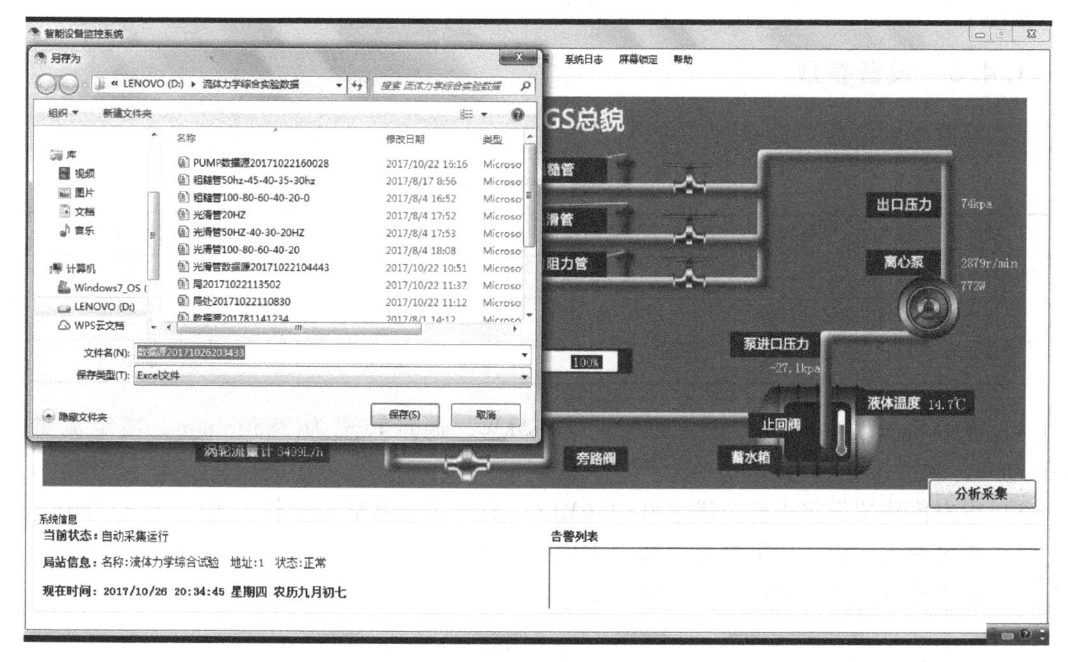

图 1.7　静态实验数据保存

	A	B	C	D	E	F	G	H	I	J
1	100	2759	14.8	770	0	28.6	74	-27.8	3499	
2	100	2830	15	781	0	30.5	76	-27.1	3499	
3	100	2169	15	589	0	21.6	54	-22.7	2991	
4	100	1862	15.1	477	0	14.4	36	-19	2506	
5	100	1499	15.2	478	0	8.3	22	-16.1	1986	
6	100	3166	15.2	1101	0	42.4	107	-34.8	3984	
7										
8										

图 1.8　数据保存文件

	A	B	C	D	E	F	G	H	I	J
1	阀开度 (%)	转速 (r/min)	温度 (℃)	功率 (W)	dp1 (kPa)	dp2 (kPa)	出口压力 (kPa)	进口压力 (kPa)	流量 (L/h)	
2	100	2933	16.6	926	0.5	0	56	-47.3	4906	
3	20	3127	16.9	873	0.4	0	62	-42.1	4540	
4	0	2805	16.9	838	0.4	0	68	-36.6	4126	
5	0	3113	17.1	796	0	3.6	74	-30	3582	
6	0	3054	17.2	759	0	36.6	80	-24.5	3050	
7	0	2802	17.4	735	0	57.7	84	-21.6	2482	

图 1.9　各栏数据对应的物理量及单位

⚠为防止计算机感染病毒，请大家采用第一种方式：拍照记录数据。

1.4.3 设备参数

1）管道参数见表1.1。

表1.1 管道参数

名称	结构	管路号	管内径/mm	测量段长度/m
局部阻力	闸阀	1	27.0	1.2
光滑管	不锈钢管	2	27.0	1.2
粗糙管	螺旋丝管	3	27.0	1.2

2）离心泵为单级卧式，额定功率为0.75kW，额定转速为2850r/min，额定流量为160L/min，额定扬程为13.8m。

3）压力传感器额定工作范围为0~1.6MPa，负压传感器额定工作范围为-0.1~0MPa。

4）流量测量采用涡轮流量计，额定工作范围为1~10m^3/h。

5）蓄水箱容积约为60L，不锈钢材质。

1.5 实验操作

1.5.1 系统起动

1）首先将回路置于初始状态：V7、V8、V9、V12、V13关闭，V14、V15开启。

2）打开V13给泵出口管道放气，暂不关闭。

3）打开V12，从注水口观察水是否充足，如果没有水或水位较低，则需要灌水，直至水位不再下降为止；多数情况下，注水口内有水，且水位不再下降；此时，可关闭V12。

⚠在离心泵初次使用前应先灌泵，保证泵壳内充满水。

4）关闭V13。

5）通电起动：向上扳动断路器手柄，使三相电源导通；顺时针旋转2个电源开关，对应的2个指示灯亮，表示电源接通。

6）开启计算机，在桌面上双击[智能设备监控系统]图标，测控界面打开时会有抖动，数秒后，显示稳定。

7）将电动阀的开度设置为100%。

8）起动变频器：按变频器起动按钮[RUN]，旋转调频旋钮调节离心泵电动机转速，同时观察测控界面显示的转速值，达到约2000r/min即可；观察测控界面显示的泵出口压力，一般应在50kPa以上，表示泵工作正常；频率调节范围为0~50Hz，对应电动机转速为0~3000r/min。

⚠此时泵出口阀全部关闭，该状态持续时间不可超过3分钟，应及时进入下一步骤：开启V7或V8。

9）选择被试通道：缓慢打开被试管道的开关阀 V7、V8 或 V9，观察测控界面显示的流量值，对于光滑管和粗糙管，一般流量应为 3000L/h 以上；对于局部阻力管，可适当调节闸阀 VT1 手柄，观察流量变化情况正常即可，流量在 2000L/h 以上为宜。

10）通过变频器将离心泵电动机转速调节至 2850r/min 左右，有时候转速显示会有波动，观察其中间值在该值附近即可，此时流量显示值会有所增加。

1.5.2　实验过程

系统正常起动后，可进行如下正式实验。

1. 粗糙管沿程阻力实验

1）打开 V7，此时 V8、V9 应处于关闭状态。

2）打开 V1、V5，关闭 V2、V6，此时 dp1 与粗糙管接通，打开 V3、V4 放气，观察排气管出流正常后，关闭 V3、V4，即可进行正式实验。

3）在起动速度（约 2850r/min）下，流量值和 dp1 压差值稳定后，记录该状态下的各数值。

⚠请采用拍照方法记录数据。

4）调节电动机转速，将流量调至下一实验值，系统稳定后，记录数据。

一般实验流量可选择为最大值（约 4000L/h）、3500L/h、3000L/h、2500L/h、2000L/h。由于涡轮流量计的性能限制，低于 2000L/h 后，测量精度偏低，低于 1000L/h 后，测量值不可用。

5）各流量值均测试完毕后，可进行下一项：光滑管沿程阻力实验。

2. 光滑管沿程阻力实验

1）打开 V8，关闭 V7，此时 V9 应处于关闭状态。

2）打开 V2、V6，关闭 V1、V5，此时 dp1 与光滑管接通，打开 V3、V4 放气，观察排气管出流正常后，关闭 V3、V4，即可进行正式实验。

3）在起动速度（约 2850r/min）下，流量值和 dp1 压差值稳定后，记录该状态下的各数值。

4）调节电动机转速，将流量调至下一实验值，系统稳定后，记录数据。

一般实验流量可选择为最大值（约 4000L/h）、3500L/h、3000L/h、2500L/h、2000L/h。由于涡轮流量计的性能限制，低于 2000L/h 后，测量精度偏低，低于 1000L/h 后，测量值不可用。

5）各流量值均测试完毕后，可进行下一项：闸阀局部阻力实验。

3. 闸阀局部阻力实验

1）打开 V9，关闭 V8，此时 V7 应处于关闭状态。

2）打开 V10、V11 放气，观察排气管出流正常后，关闭 V10、V11，即可进行正式实验。

3）在起动速度（约 2850r/min）下，调节闸阀 VT1，观察流量显示值约至 3500L/h，在各量值显示稳定后，记录该状态数据。令闸阀的开度固定在此值不变。

4）调节电动机转速，将流量调至下一实验值，稳定后，记录数据。

一般实验流量可选择为最大值 3500L/h、3000L/h、2500L/h、2000L/h。

5）各流量值均测试完毕后，实验结束。

1.5.3 系统停车

正式实验结束后，可关闭系统。

1）缓慢关闭 V9，此时 V7 和 V8 也应处于关闭状态。

2）关闭变频器：按 STOP 按钮即可。此时可观察转速和流量的显示值，数秒后示值为 0，电动机及泵的噪声消失。

3）关闭测控软件。

4）保存实验数据（应避免使用 U 盘）。

5）关闭计算机。

6）逆时针旋转两个电源开关，关闭电源；向下扳动断路器手柄，系统断电。

1.6 数据处理及实验报告

1.6.1 粗糙管流阻实验

1）根据实测流量，求出流速，根据流体温度查得动力黏度，计算运动黏度，进而计算雷诺数。

2）依据测得的流量 Q 和压差 Δp_r，计算 $\lambda_{实验}$。

3）分析流阻系数 λ 与雷诺数 Re 的关系。

4）根据实验数据，推测管道的当量粗糙度 Δ 值及 Δ/d 值。

各项数据可记录在表 1.2 中。

表 1.2 粗糙管流阻实验数据

流量 Q/(L/h)	压差 Δp_r/kPa	流速 v/(m/s)	温度 T/℃	运动黏度 ν/cSt	雷诺数 Re	$\lambda_{实验}$
4000						
3500						
3000						
2500						

1.6.2 光滑管流阻实验

1）根据实测流量，求出流速，根据流体温度查得动力黏度，计算运动黏度，进而计算雷诺数，选择流阻系数的计算公式。

2）依据雷诺数等参数计算流阻系数理论值 $\lambda_{理论}$。

3）依据测得的流量 Q 和压差 Δp_s，计算流阻系数实验值 $\lambda_{实验}$。

4）比较 $\lambda_{理论}$ 和 $\lambda_{实验}$ 之间的差异，进而分析流阻系数 λ 与雷诺数 Re 的关系。

各项数据可记录在表 1.3 中。

表 1.3　光滑管流阻实验数据

流量 Q/(L/h)	压差 Δp_s/kPa	流速 v/(m/s)	温度 T/℃	运动黏度 ν/cSt	雷诺数 Re	$\lambda_{实验}$	$\lambda_{理论}$
4000							
3500							
3000							
2500							

1.6.3　闸阀局部阻力实验

1）根据实测流量，求出流速，根据流体温度查得动力黏度，计算运动黏度，进而计算流体在管道中的雷诺数。

2）依据测得的流量 Q 和压差 Δp_v，计算局部阻力系数实验值 $\zeta_{实验}$。

3）在闸阀开度固定的情况下，分析流阻系数 ζ 与流量 Q 的关系。

各项数据可记录在表 1.4 中。

表 1.4　闸阀局部流阻实验数据

流量 Q/(L/h)	压差 Δp_v/kPa	沿程损失 Δp_s/kPa	局部损失 Δp_ζ/kPa	温度 T/℃	$\zeta_{实验}$
3500					
3000					
2500					
2000					

注：$\Delta p_\zeta = \Delta p_v - \Delta p_s$；其中，$\Delta p_s$ 为 1.6.2 小节光滑管实验的数据。

1.6.4　曲线绘制及思考题

1）在同一个坐标系中画出粗糙管及光滑管的 $\lambda_{实验}$-Re 曲线。

2）分析光滑管流阻系数的实验值与理论值之间存在差异的原因。

3）在同一个坐标系中画出粗糙管及光滑管的 Δp-v 曲线，分析粗糙管与光滑管的能量损失与流速的关系。

4）基于本实验系统，计算管道层流临界流量，说明本实验系统是否能够进行层流实验。

1.7　流体实验设备的一些常规注意事项

本实验所用设备为离心泵，且以水为介质，不同于以液压油为介质且以容积式泵为动力元件的常规液压系统。下列注意事项虽然基于本实验的实验设备提出，但多数内容也适用于常规液压系统，此处一并陈述，后续章节不再重复。

1）在起动离心泵前，要确保电源不缺相，如果缺相，电动机和泵不会正常运转，且电动机可能烧坏。此项内容对电动机驱动的液压系统也适用。

2）在起动离心泵前，要确保离心泵转向的正确，否则长时间反向运转会损坏离心泵。此项内容对液压泵也适用。

3）在做流体阻力实验时，要排尽管路里的气泡。液压系统初次运行前也要排气，确保系统运行稳定。

4）在开、关各阀门时，须缓开慢关。该项对液压系统也适用。

5）蓄水箱水位一般加到水箱的2/3高度左右，如果水位过高，实验中回水翻滚会有水溢出箱外；但如果加水太少，造成水泵吸空，则会影响水泵寿命。液压系统的油箱也存在类似的问题。

6）若系统长时间不用，应将水箱排空，并将管路中液体排尽，以免发生结冰膨胀，造成设备损坏等事故。液压系统一般不存在此类问题。

实验二

液压泵流量-压力特性及比例溢流阀应用实验

2.1 概述

液压泵的流量-压力特性属于静态特性，表现了液压泵的输出流量随压力变化而变化的性质。精确的流量-压力特性实验，应确保泵的转速不变，这需要闭环控制的恒速电动机驱动，设备成本较高。因此，一般的流量-压力特性实验通常采用具有准恒速性质的三相异步电动机驱动液压泵，不进行转速闭环控制，在正常工作情况下，随着泵输出压力的提高，转速会有所下降但变化范围很小，可以安装转速计或转速传感器来监测，实验时同时记录流量、压力和转速，同样可以获得液压泵的容积效率数值。

在常规工业用途中，定量泵和限压式变量泵是两种典型液压泵，本实验选用定量叶片泵和限压式变量叶片泵作为被试元件。当前，电控液压元件的应用越来越普遍，本实验选择电液比例溢流阀作为液压泵的加载元件之一，并采用计算机测控系统实现压力控制及数据采集，使大家了解电液比例阀的功能和应用情况。

本实验设置了以下四个项目。

*1）定量泵流量-压力特性实验：比例溢流阀手动调压加载[①]。

2）定量泵流量-压力特性实验：比例溢流阀自动调压加载。

3）定量泵压力-流量特性实验：（手动）节流阀加载。

4）限压式变量泵压力-流量特性实验：（手动）节流阀加载。

2.2 实验目的

1）对液压泵及基本液压系统增强感性认识，掌握液压泵流量-压力特性实验和测试方法，了解液压泵输出流量及容积效率与工作压力的关系。

2）学会使用基本液压元件，如安全阀、单向阀、节流阀、快速接头、压力表、压力传感器、流量计及液压管路等。

3）学会使用电液比例溢流阀，并了解它的功能及工作状况。

4）测定定量泵及限压式变量泵的流量-压力曲线，获得容积效率数值，了解定量泵及限压式变量泵的工作特性。

---

① 带“*”号的项目为选做内容，由教师根据课时情况决定是否选做。下同。

2.3 实验原理

2.3.1 液压泵的流量-压力特性及其容积效率

$$Q_p = Q_{tp} - \Delta Q_p = Q_{tp} - k_p p_p \tag{2.1}$$

$$Q_{tp} = \frac{n_p q_p}{1000} \tag{2.2}$$

$$\eta_{vp} = \frac{Q_p}{Q_{tp}} = \frac{1000Q_p}{n_p q_p} \tag{2.3}$$

式中 Q_p——泵的实际输出流量，单位为 L/min；

ΔQ_p——泵的泄漏流量，单位为 L/min；

p_p——泵的输出压力，单位为 MPa；

k_p——泵的泄漏系数，单位为 L/(min · MPa)；

n_{vp}——泵的容积效率，量纲为 1；

Q_{tp}——泵的理论流量，单位为 L/min；

q_p——泵的排量，单位为 mL/r；

n_p——泵的转速，稳态下与电动机转速一致，单位为 r/min。

由式（2.1）可知，随着泵输出压力 p_p 的增高，实际输出流量 Q_p 下降；由式（2.3）可知，只要测得实际输出流量 Q_p、实际转速 n_p，从泵的铭牌中读出排量 q_p，即可计算出泵的容积效率。

在本实验中，变量泵和电动机上没有安装转速传感器，不能测量转速，实际转速数值可以用定量泵在相同压力下的转速近似代替，理论流量数值可以通过式（2.4）近似获得

$$Q_{tp} = n_a q_p \tag{2.4}$$

式中 n_a——定量泵在相同压力下的转速。

需要注意的是，限压式变量泵在压力大于拐点压力后，实际排量会降低，此处不能测量实际排量，因而在拐点后的容积效率无法计算。

2.3.2 电液比例溢流阀

电液比例溢流阀的入口压力由比例电磁铁的输入电流来控制，并且与输入电流成比例。此电磁铁的电流一般来自电液比例放大板。给放大板以控制电压，其放大后输出电流用以驱动比例阀的电磁铁。因此电液比例溢流阀的调定压力表达式为

$$p_y = k_a k_y u_y$$

式中 p_y——电液比例溢流阀的调定压力，单位为 MPa；

k_a——驱动放大板的电流-电压比例常数，单位为 A/V；

k_y——压力-电流比例常数，单位为 MPa/A；

u_y——控制电压，单位为 V。

电液比例溢流阀的先导阀有控制口 X 和泄漏口 Y，在本实验中，此阀为内控外泄方

式，X 口封闭，Y 口需外接油箱。如果 Y 口与主阀出口直接短接并经同一个回油管道接回油箱，由于回油管道液阻较大，因而容易发生比例溢流阀谐振，继而使整个系统发生压力谐振，因此 Y 口应单独回油。

2.4　实验装置

2.4.1　实验回路

本实验可在两套实验设备上进行，分别是 TC-GY04C 和 TC-GY03 两种实验台，实验回路如图 2.1 所示。这两套设备均为综合实验装置，采用模块化结构，可由使用者随意组合实现各类实验回路。大部分液压元件可方便地安装在铝合金面板的 T 型槽上，液压管采用快速插头连接，均可手工拆装而不需要其他工具。两套设备的结构和组成略有差别，因而本实验回路在两套设备上的实现方法也略有差别，分别如图 2.1a、b 所示。

两套设备的动力源相同，都是两套电动机-泵组，即电动机-定量泵组和电动机-变量泵组，其中定量泵的电动机安装了转速传感器和功率变送器，变量泵则未配备这两种测量元件。

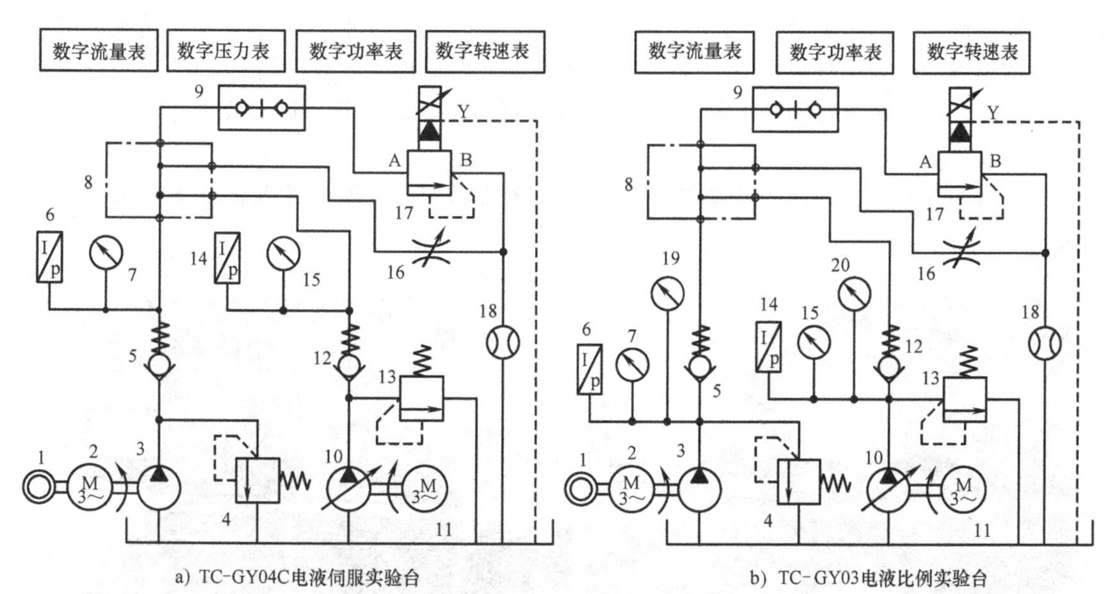

图 2.1　泵特性及电液比例溢流阀应用实验回路原理图

1—转速传感器　2、11—三相异步电动机　3—定量泵　4、13—直动式安全阀　5、12—单向阀　6、14—压力传感器（压力 1、2）　7、15—压力表（小表盘）　8—分流集流块　9—快速接头　10—限压式变量泵　16—节流阀　17—比例溢流阀　18—涡轮流量计　19、20—标准压力表（大表盘）

直动式安全阀 4 和 13 分别固定地安装在定量泵出口和变量泵出口处。两台设备的动力装置的差别在于：TC-GY04C 的泵出口均固定安装了单向阀，如图 2.1a 所示，而 TC-GY03 则没有，图 2.1b 所示的泵出口单向阀 5 和 12 是本次实验专门安装的。压力传感器 6 和压力表 7 以及压力传感器 14 和压力表 15 虽然也是模块化元件，但通常分别安装在定量泵 3 和变量泵 10 的出口位置。涡轮流量计 18 的出口固定地由一条回油管接油箱。本实验项目另外选择了电液比例溢流阀 17 和节流阀 16 并联，它们的入口在分流集流块 8 上短接，出口短接后连接到涡轮流量计 18 的入口。需要说明的是，临时搭建的回路的各个短接节点都需要用分流集流块，而图 2.1 中只画出了序号 8 一个，其他的未在图中显示。同样地，各条临时安装的液压管都采用了快速接头（压力表引压管除外），但图 2.1 中也仅显示了电液比例溢流阀 17 的入口管与分流集流块 8 之间的快速接头。

另外，两台设备均配备了数字流量表、数字转速表和数字功率表，其中显示的转速和功率均是定量泵及其电动机的运行参数，TC-GY04C 还另外安装了数字压力表，其信号来自定量泵的出口压力传感器 6，而 TC-GY03 没有配备数字压力表，因此单独为其配备了两个标准压力表，如图 2.1b 中 19 和 20 所示。由于 TC-GY04C 的泵出口单向阀是固定安装的，在泵出口与单向阀入口之间不能再安装压力测量元件，所以实验过程中只能读取单向阀后的压力；实验回路中，双泵并联，因而两台泵的出口压力均可由压力传感器 6 测量，其数值由数字压力表读出。但是对于 TC-GY03，没有配备数字压力表，泵出口的单向阀也是临时安装的，因而在实验过程中，为精确起见，可直接测量单向阀入口前的泵出口压力，但是这样就需要分别测量两台泵的压力，而不能统一用一个测量元件来完成。

此外，采用电液比例溢流阀加载时，由于阀的泄漏口单独接回油箱，因而此时测得的泵输出流量就缺少了这一部分，虽然这个流量很小，但是仍然降低了实验精度，所以这种用电液比例溢流阀加载的泵流量-压力性能测试仅是练习性质的，实验数据不能作为精确结果使用。较为精确的实验则是采用节流阀 16 进行加载，此时应确保电液比例溢流阀 17 不产生旁路流量损失，方法是将比例溢流阀 17 的入口液压管与主回路脱开，这需要操作液压快速接头，方法见后文。

实验台照片和实验回路照片如图 2.2 和图 2.3 所示。此处的照片与图 2.1 所示原理图对应。

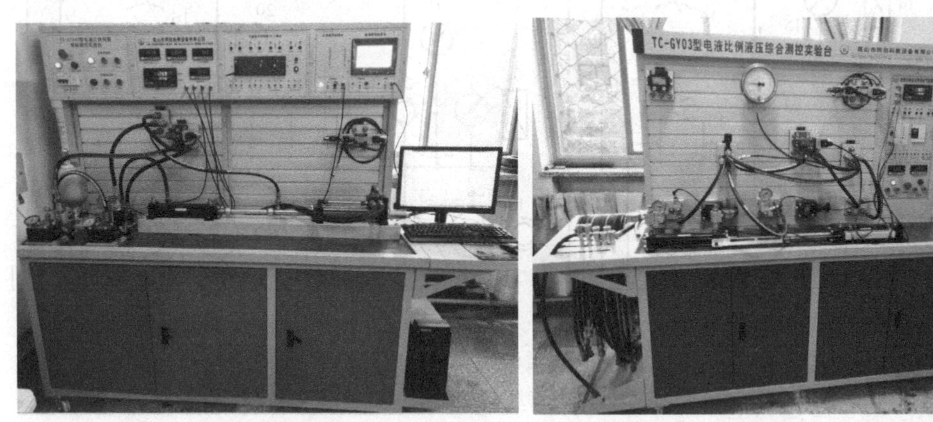

a) TC-GY04C　　b) TC-GY03

图 2.2　电液比例实验台照片

2.4.2　测控装置

实验回路中有些元件的调节是手动的，如安全阀和节流阀，本实验中的测控装置包括传感器、测控柜和计算机测控系统，传感器分布在实验回路中，如图 2.1 所示，两实验台的测控柜功能及面板布局不尽一致，如图 2.4 和图 2.5 所示。

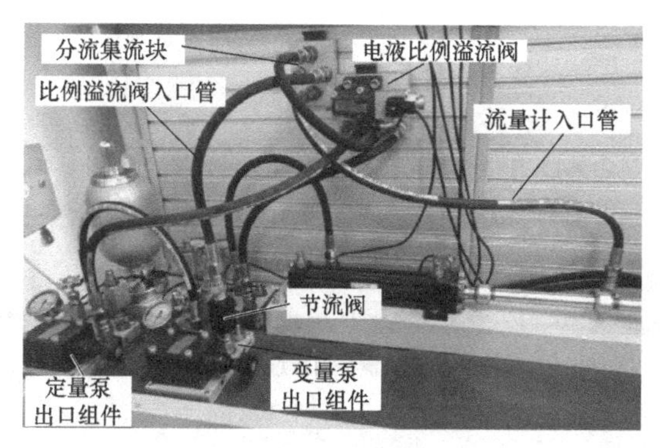

a) TC-GY04C

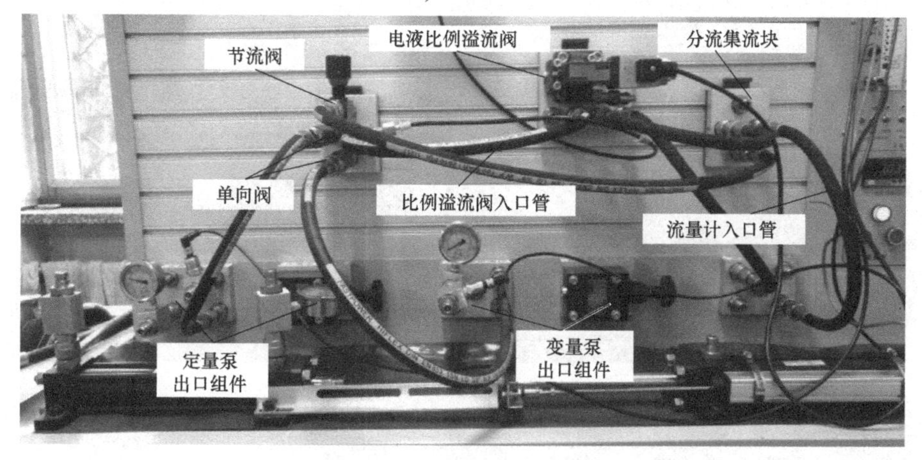

b) TC-GY03

图 2.3　临时搭建的实验回路照片

TC-GY04C 的测控柜包括动力操作、传感器信号输入及数显、PLC 及触摸屏操作、比例阀及伺服阀操作等功能面板，其操作及显示面板如图 2.4 所示。该面板置于实验台上部，横向布局，所有信号线的输入输出端口均分布在数显区及比例、伺服阀信号操作区。数显区包括定量泵的功率和转速、泵出口压力 1、管路流量、比例阀控制信号（电压）共五个量的数显表。动力操作区可实现总电源起停、定量泵起停和变量泵起停。信号操作区包含触摸屏、比例溢流阀、比例换向阀和电液伺服阀四部分，接口和功能钮有信号插口、控制信号源选择拨钮及比例溢流阀的手动调压旋钮等。

TC-GY03 测控柜的功能略少些，不包含电液伺服阀和触摸屏部分，数显表仅有流量表及定量泵的转速表、功率表。其动力操作区也分成了两部分，一部分在正面下部，为含定量泵起停和变量泵起停的操作面板，另一部分则是位于测控柜右下方侧面的电源起停用的断路器，平时被计算机的显示器遮挡。

下面简要介绍各部分的使用方法。

1. 动力操作

系统通过断路器连接外部三相 380V 电源，并连接到两台泵的驱动电动机起停电路，同时控制线路的 220V 电源由此分出。

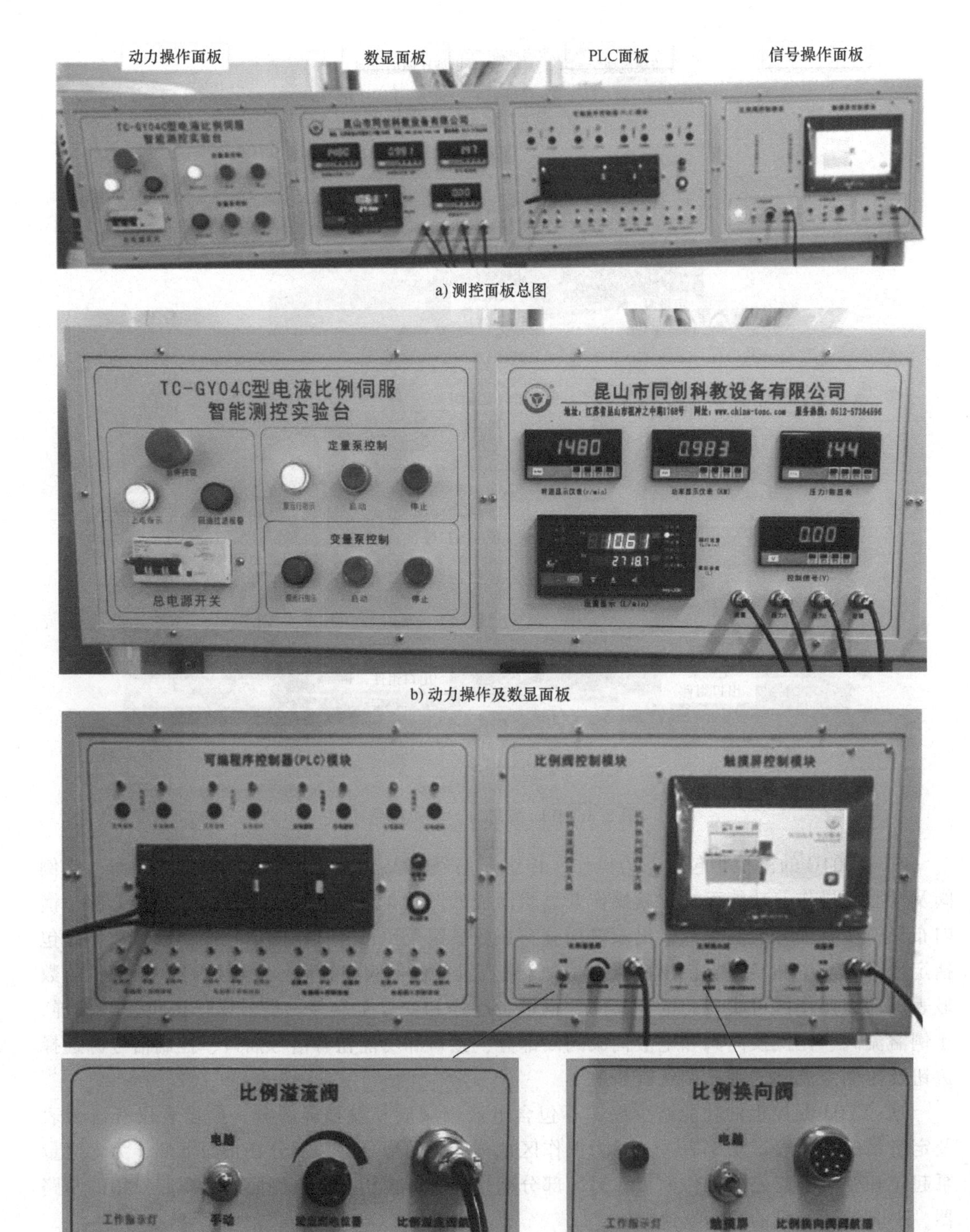

a) 测控面板总图

b) 动力操作及数显面板

c) PLC及信号操作面板

图 2.4　TC-GY04C 测控柜面板照片

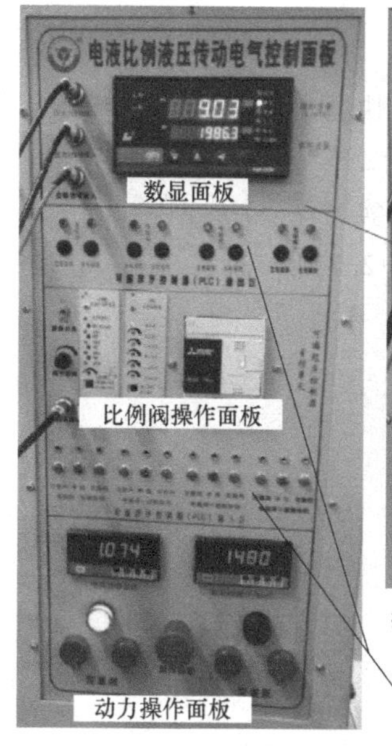

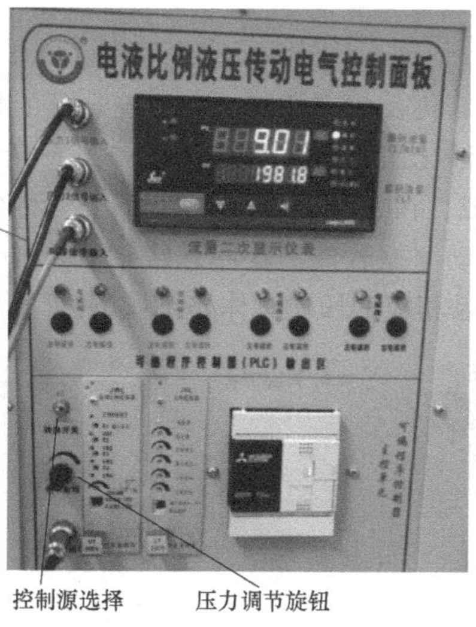

图 2.5　TC-GY03 测控柜面板照片

向上扳动断路手柄接通电源，向下扳动则断开电源。定量泵和变量泵的电动机起停分别控制，按绿色按钮起动，按红色按钮停止，紧急情况下可按急停按钮，在急停状态下顺时针旋转急停按钮可解除急停状态。

2. 传感器信号及数显表

测控柜中的数显表固定连接了相应的转速及功率信号插口，在 TC-CY04C 中包括流量、压力 1、压力 2 和位移插口，对于 TC-GY03 则不含压力 1、压力 2 和位移数显表。液压回路的传感器分布在实验台的操作区，其信号线也相应地分布在实验操作空间内，需要将其插入测控面板上相应的插口内。使用中，压力 1 和压力 2 的端口及信号处理电路完全相同，如果信号线插错插口，仍然会显示数据，但应注意数显表实际对应于哪个压力传感器。不同物理量之间的信号线与端口不应错接。

3. 比例溢流阀操作

在测控面板上，系统为比例溢流阀单独设置了操作区，如图 2.3 和图 2.4 所示，包括信号端口、显示灯、压力调节旋钮和控制源选择开关。使用时，应首先检查信号线已可靠插入信号端口，系统通电后，指示灯会亮。对比例溢流阀可以手动控制或计算机控制，将控制源选择开关置于电脑或PC位置，则为计算机控制，置于手动位置，则由压力调节旋钮来调节，此旋钮在测控面板上的名称为溢流阀电位器，顺时针旋转该旋钮，压力上升。

⚠一般来说，比例阀都有比较大的死区，旋转调压旋钮时，起初可能压力不发生变化，待旋转到一定位置后，压力开始上升。目前，TC-GY04C 的死区较大，观察数显表控制信号的显示值为 4.5~5 时，再调节，压力会上升。但是对于 TC-GY03，死区很小，顺时针旋转调压旋钮，压力很快就会上升，不过这个实验台没有配备控制信号数显表。

⚠手动调节压力时应缓慢旋转调压旋钮，避免压力冲击，如果安全阀设置不合理，甚至会造成系统超压。

4. 计算机数据采集及控制

数据采集系统的硬件包括计算机及相应的板卡，测控软件的快捷方式在计算机桌面上，名称为“电液比例测控软件”，如图 2.6 所示。

图 2.6 测控软件快捷方式

该软件通过 Labview 编写而成，在 windows 系统下运行，为非实时系统。鼠标左键双击该图标，可启动测控软件，软件开始界面如图 2.7 所示。通过测控软件可实现的功能及相应的操作具体介绍如下。

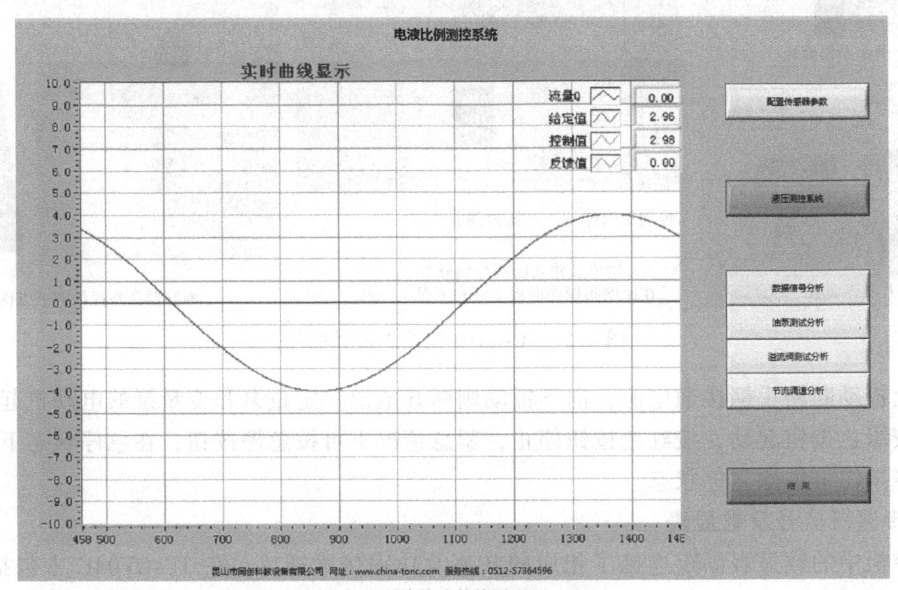

a) 测控软件整体界面

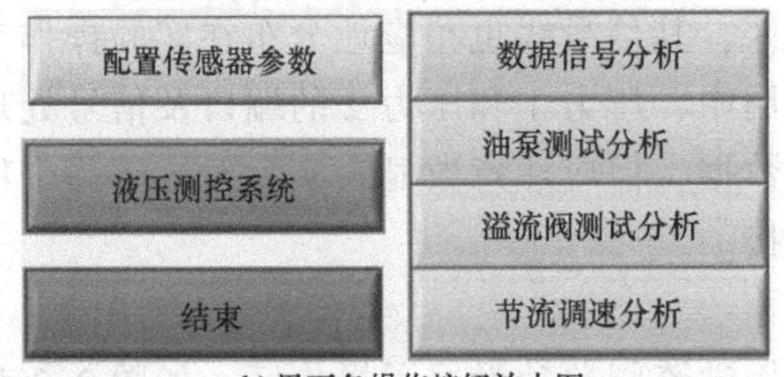

b) 界面各操作按钮放大图

图 2.7 测控软件开始界面

(1) 实时测控　如果已有实验数据，可按相应的分析按钮，进行数据处理和曲线绘制。对于要进行的实验工作，则应左键单击 液压测控系统 ，启动实时测控界面，如图 2.8 所示。各部分的功能及操作具体说明如下。

1) 控制信号波形选择及设置。控制信号可选择阶跃、正弦波、三角波及方波，对于静态实验，可选择为阶跃或三角波信号；可设置幅值和频率，对于阶跃信号，幅值即为阶跃信号数值。对于静态实验，通常选择阶跃信号，逐点输入控制参数值，逐点测量，为提高效率，也可以采用三角波，但是频率应很低才行。

2) 控制元件选择及控制参数设置。测控对象选择完成后，确定控制方式，可选 开环控制 、 反作用 （闭环控制）或 PID 控制 ，对于 PID 控制，可设置 PID 参数。对于可

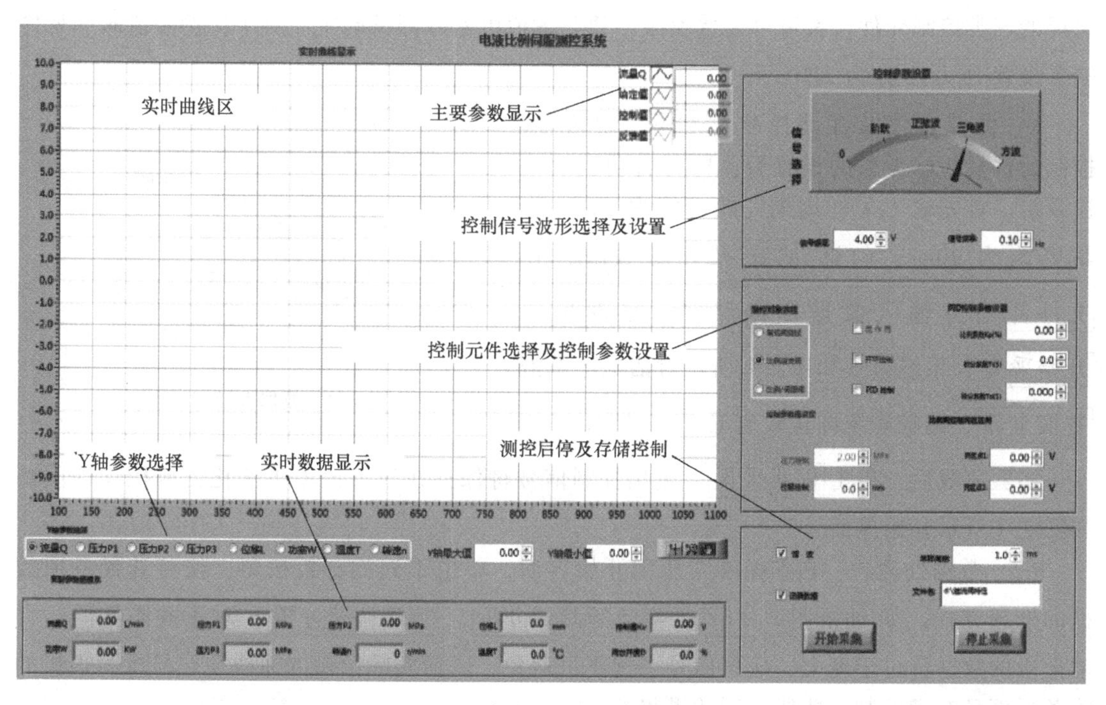

a) 实时测控系统开始界面

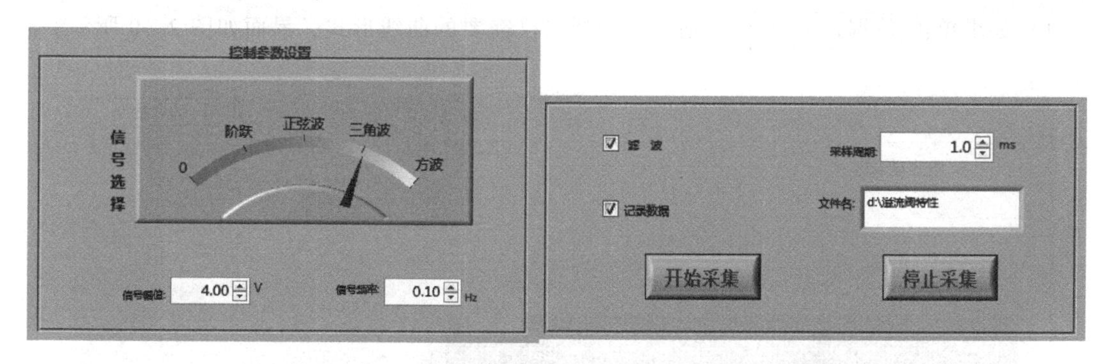

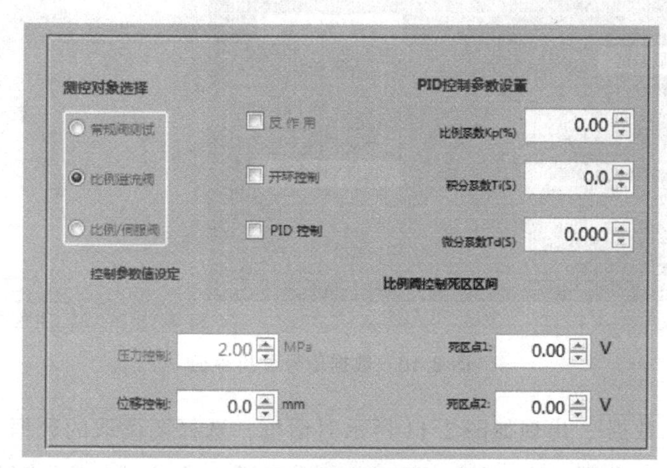

b) 各区放大图

图 2.8　实时测控界面

选择的三类控制元件，都可以设置死区，死区数值由实际测试确定。对于比例溢流阀，死区缺省设置[压力控制]为 2MPa。

3）测控启停及存储控制。完成控制信号、控制元件及控制参数的设置后，即可启动实时测控系统。首先输入采样周期，缺省值为 1ms，将其更改为 20ms，勾选[滤波]及[记录数据]，在[文件名]右方输入数据存储路径。左键单击[开始采集]，系统出现如图 2.9 所示对话框，单击[替换全部]，测控系统即正式启动。

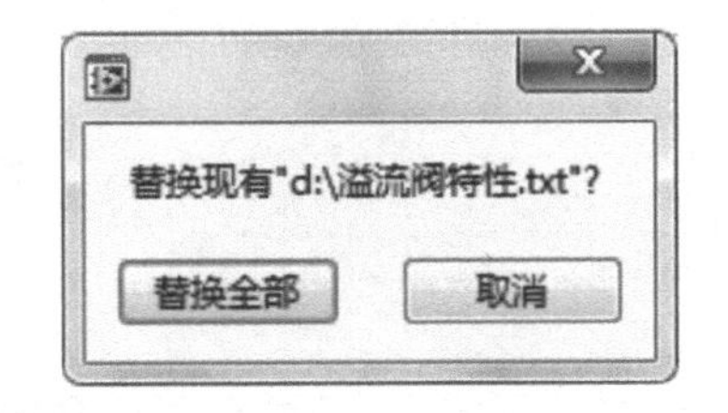

图 2.9　数据存储对话框

实验完成后，单击[停止采集]，输出控制信号将保持在当前值不再变化，测控软件回到如图 2.7 所示开始界面。

（2）数据处理。　在如图 2.7 所示开始界面，单击不同的分析按钮，便可选择各项数据的处理方式，如[油泵测试分析]、[溢流阀测试分析]、[节流调速分析]。对于静态实验，自动记录的数据量过于庞大，而且信号干扰不可避免，因而实际绘制的曲线往往显示为很粗的线条，而且充满毛刺，曲线绘制效果很差。

1）如果单击[数据信号分析]，则可以选择自己需要的曲线形式，界面如图 2.10 所示。

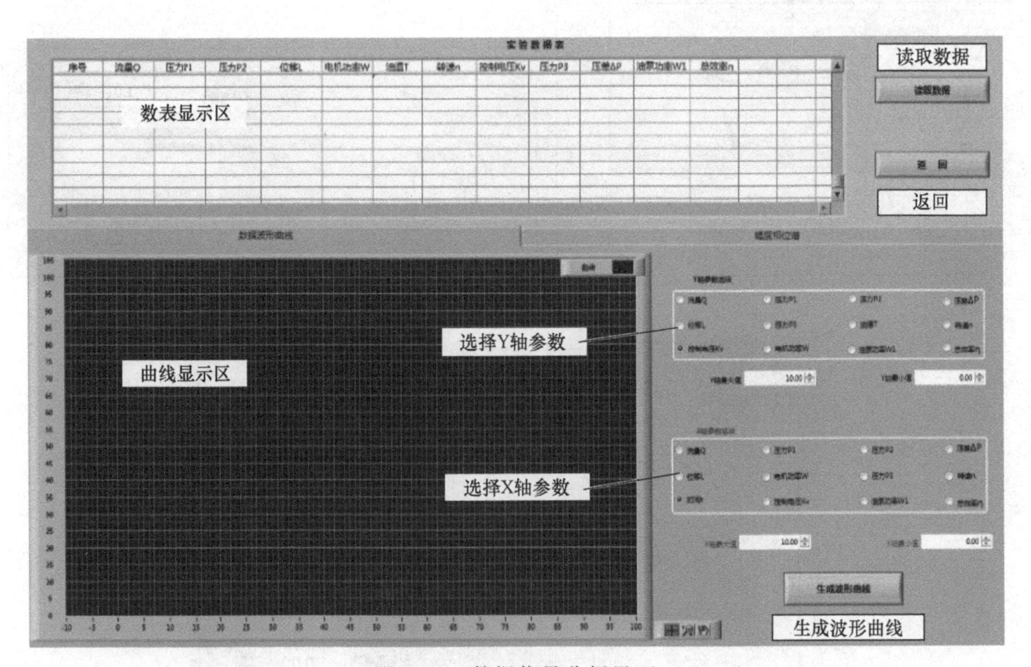

图 2.10　数据信号分析界面

2）单击[读取数据]，出现如图 2.11 所示对话框，选择要读取的数据文件，单击[确定]，进入数据显示界面，如图 2.12 所示。界面上部会显示实验过程中采集到的所有数据，可以利用鼠标操作来滚动观察全部数据。

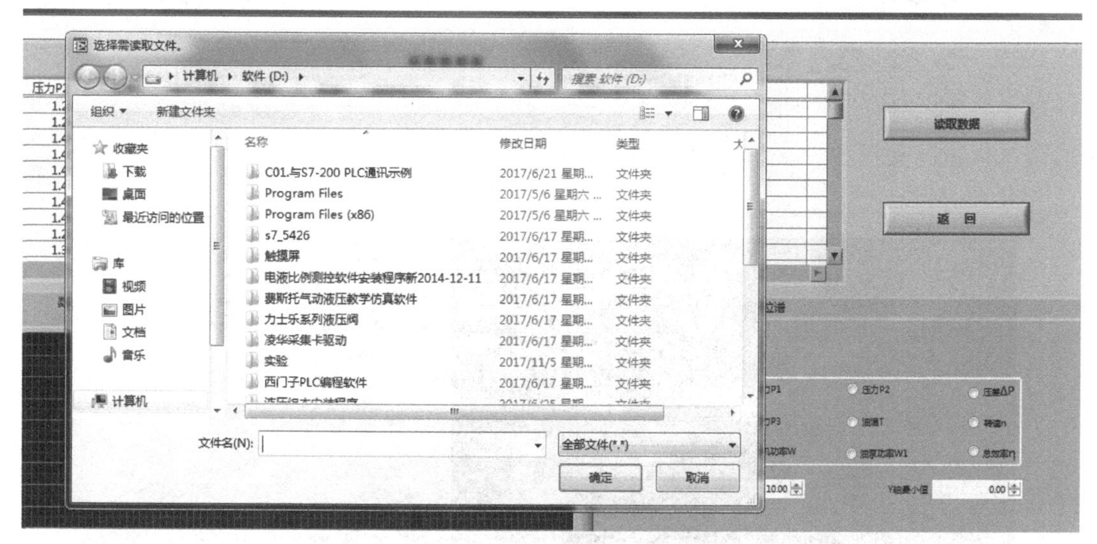

图 2.11　数据文件选择界面

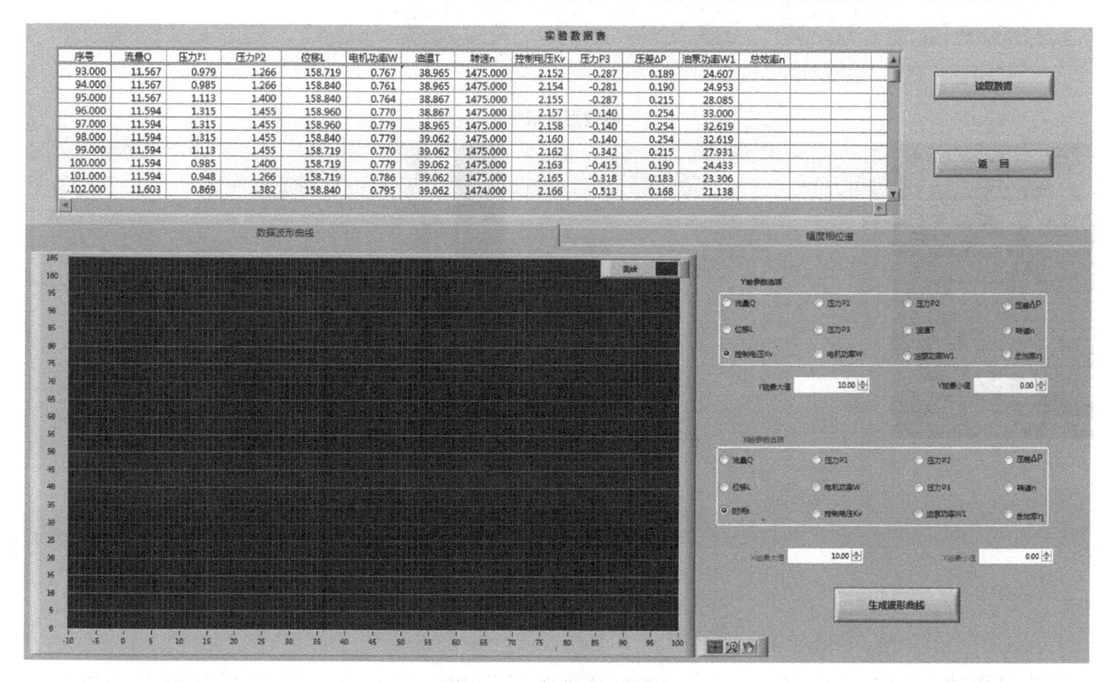

实验数据表

序号	流量Q	压力P1	压力P2	位移L	电机功率W	油温T	转速n	控制电压Kv	压力P3	压差ΔP	油泵功率W1	总效率η
93.000	11.567	0.979	1.266	158.719	0.767	38.965	1475.000	2.152	-0.287	0.189	24.607	
94.000	11.567	0.985	1.266	158.840	0.761	38.965	1475.000	2.154	-0.281	0.190	24.953	
95.000	11.567	1.113	1.400	158.840	0.764	38.867	1475.000	2.155	-0.287	0.215	28.085	
96.000	11.594	1.315	1.455	158.960	0.770	38.867	1475.000	2.157	-0.140	0.254	33.000	
97.000	11.594	1.315	1.455	158.960	0.779	38.965	1475.000	2.158	-0.140	0.254	32.619	
98.000	11.594	1.315	1.455	158.840	0.779	39.062	1475.000	2.160	-0.140	0.254	32.619	
99.000	11.594	1.113	1.455	158.719	0.770	39.062	1475.000	2.162	-0.342	0.215	27.931	
100.000	11.594	0.985	1.400	158.719	0.779	39.062	1475.000	2.163	-0.415	0.190	24.433	
101.000	11.594	0.948	1.266	158.719	0.786	39.062	1475.000	2.165	-0.318	0.183	23.306	
102.000	11.603	0.869	1.382	158.840	0.795	39.062	1474.000	2.166	-0.513	0.168	21.138	

图 2.12　数据显示界面

3）选择 Y 轴和 X 轴参数，单击生成波形曲线，数据波形就会显示在曲线显示区，如图 2.13a 所示。许多时候，波形出现后即刻消失，此时可利用波形显示窗口右下角的波形显示按钮来显示波形。如图 2.13 b 所示，单击图中所示按钮，将最大化显示曲线区域，如果单击其他按钮，则可调节显示区域的范围。

2.4.3　液压回路操作

与测控装置相似，液压回路中，有些部件是出厂时的固定缺省连接，一般来说，使用者

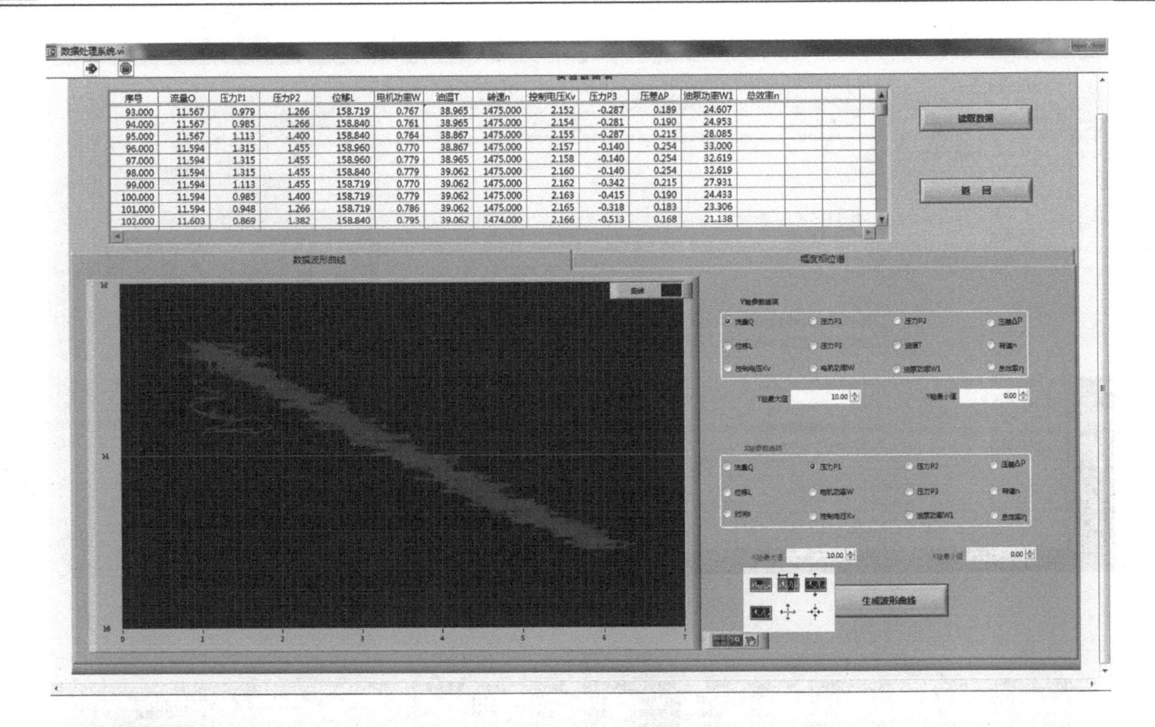

序号	流量Q	压力P1	压力P2	位移L	电机功率W	油温T	转速n	控制电压Kv	压力P3	压差ΔP	油泵功率W1	总效率η
93.000	11.567	0.979	1.266	158.719	0.767	38.965	1475.000	2.152	-0.287	0.189	24.607	
94.000	11.567	0.985	1.266	158.840	0.761	38.965	1475.000	2.154	-0.281	0.190	24.953	
95.000	11.567	1.113	1.400	158.840	0.764	38.867	1475.000	2.155	-0.287	0.215	28.085	
96.000	11.594	1.315	1.455	158.960	0.770	38.867	1475.000	2.157	-0.140	0.254	33.000	
97.000	11.594	1.315	1.455	158.960	0.779	38.965	1475.000	2.158	-0.140	0.254	32.619	
98.000	11.594	1.315	1.455	158.840	0.779	39.062	1475.000	2.160	-0.140	0.254	32.619	
99.000	11.594	1.113	1.455	158.719	0.770	39.062	1475.000	2.162	-0.342	0.215	27.931	
100.000	11.594	0.985	1.400	158.719	0.779	39.062	1475.000	2.163	-0.415	0.190	24.433	
101.000	11.594	0.948	1.266	158.719	0.786	39.062	1475.000	2.165	-0.318	0.183	23.306	
102.000	11.603	0.869	1.382	158.840	0.795	39.062	1474.000	2.166	-0.513	0.168	21.138	

a) 波形显示

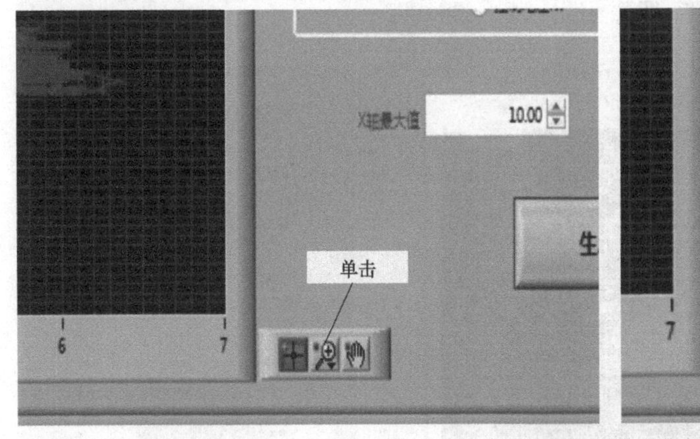

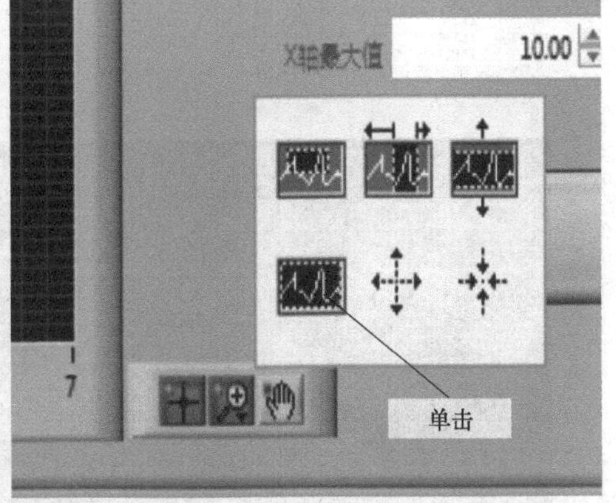

b) 波形显示操作

图 2.13　波形显示界面

不能擅自更改，如电动机-泵的组合，TC-GY04C 的泵出口单向阀，定量泵驱动电动机的速度传感器和功率传感器的信号连接线、泵出口的安全阀，流量计出口组件等。这些缺省配置构成了实验台的基础部分，也可称之为永久搭配，其他元件和管路可在此基础上进行临时搭建，称之为临时搭配。

本节对一些基本操作进行介绍。

1. 液压源操作

液压源又通俗地被称为“泵站”，包括电动机-泵组、泵出口安全阀，有时也包含泵出口单向阀，通常还有泵出口压力表甚至压力传感器。TC-GY04C 的液压源如图 2.14 所示，TC-GY03 的液压源与此相似，照片略。两实验台的泵出口组件如图 2.15 所示。

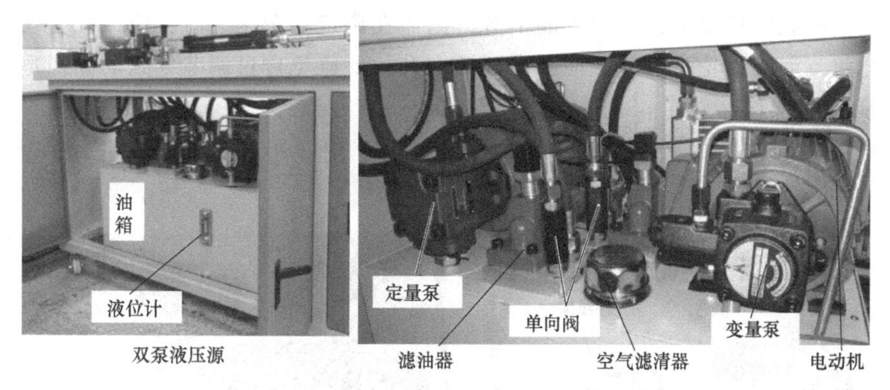

图 2.14　TC-GY04C 的液压源

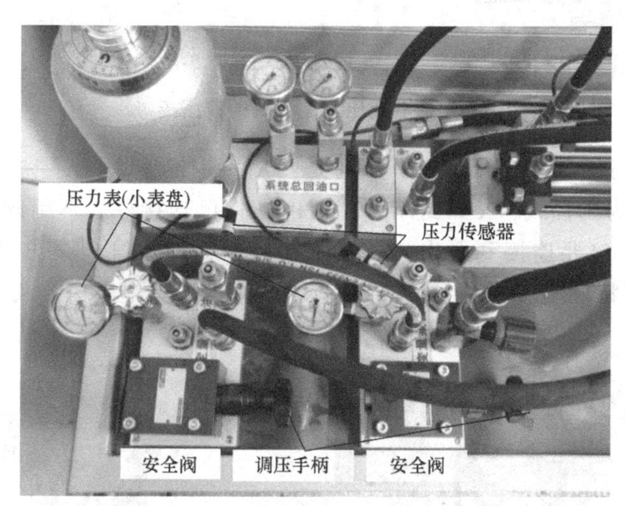

a) TC-GY04C

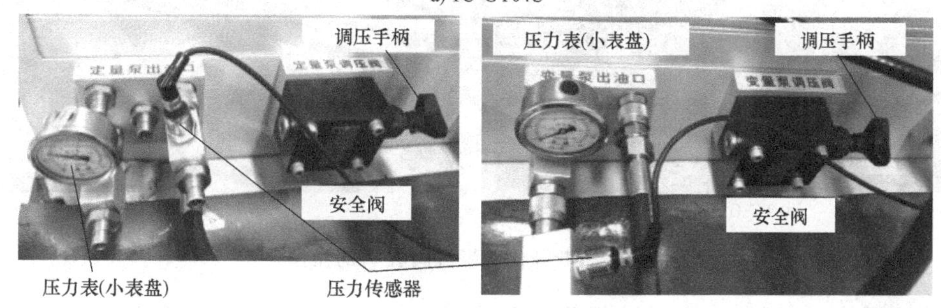

b) TC-GY03

图 2.15　泵出口组件

本实验中，两个实验台的电动机-泵组是相同的，配套的转速传感器和功率传感器也固定地连接了测控系统的数显表及数据采集卡。TC-GY04C 的两个泵出口均固定安装了单向阀，因此在实验过程中，所谓的泵出口只能定义为单向阀出口。而 TC-GY03 没有固定配置单向阀，因此它的泵出口即是真正意义上的泵出口。

泵出口固定配置了安全阀，均为手动操作的直动式溢流阀。实验前，应根据需要调节安全压力，眼睛注视出口压力表，顺时针旋转调压手柄，观察压力上升情况。需要注意的是，只有在出口有负载的情况下，压力才能上升，因而在调定安全压力时，应该配合实验回路的比例溢流阀和节流阀，轮番调节，使压力逐渐上升，要避免盲目调节导致的超压危险。

2. 实验回路操作

（1）电液比例溢流阀　该阀的调压方法在 4.2.3 中介绍，此处主要介绍各液压接口，如图 2.16 所示。

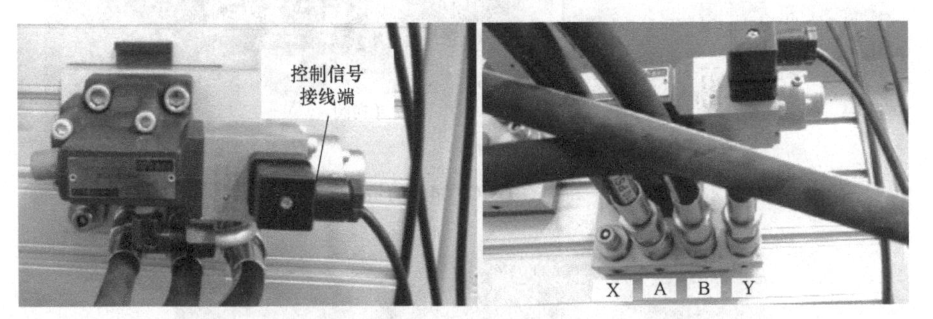

图 2.16　电液比例溢流阀的液压接口

电液比例溢流阀的四个液压端口分别是：X——控制口，A——进口，B——出口，Y——泄漏口。该阀为内控式，X 口封堵。B 口和 Y 口已连接好，不用调节。做比例溢流阀应用实验时，该阀 A 口要连接到泵出口，在本实验中，即连接到泵出口的分流集流块上。用节流阀加载进行泵特性实验时，A 口应断开，这时需要操作快速接头，断开 A 口的位置如图 2.17 所示。

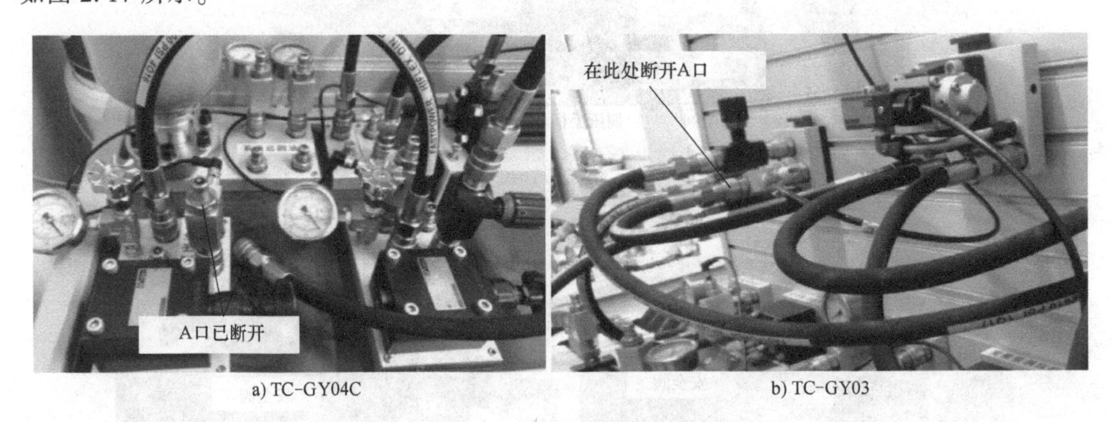

a) TC-GY04C　　b) TC-GY03

图 2.17　断开比例溢流阀 A 口的操作

（2）液压快速接头　这种接头操作十分简便，可不用任何工具，手动拔插即可，如图 2.18 所示。

接头分为两部分，分别是阳头和阴头，内部均有单向阀，脱开后，各自封闭，安装后，则能相互顶开单向阀，使接口导通。安装时，用手向后拖动活动帽，将阴头对准阳头按压，用力压到位，然后向前拖动活动帽使其复位即可。拆开时，过程相反，用手向后拖动活动帽，用力拔出管端即可。

（3）节流阀　实验所用节流阀为手动阀，管式连接方式，如图 2.19 所示。用手顺手针旋转节流阀手柄，节流开口减小，负载增加，压力上升；反向调节时，负载减小，压力降低。顺时针旋转到极限位置时，节流阀截止；逆时针旋转到 0 点位置，节流阀完全导通。

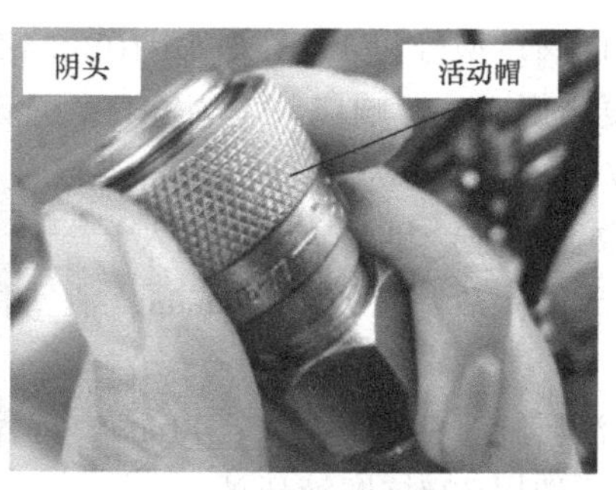

图 2.18　液压快速接头操作

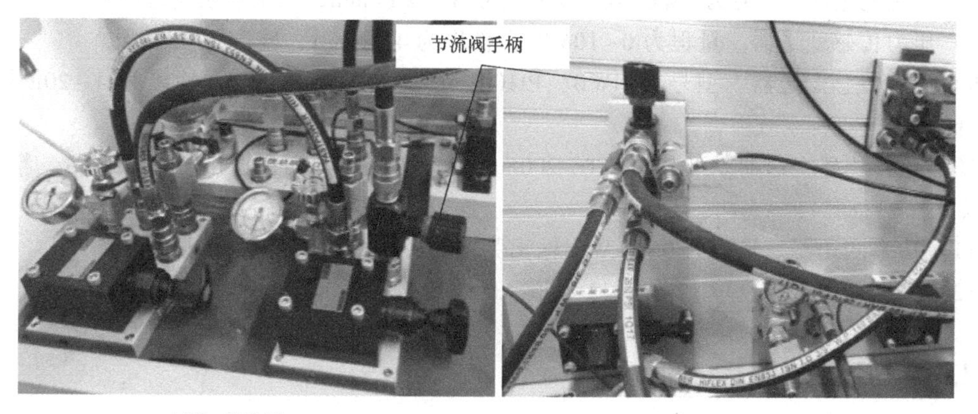

a) TC-GY04C　　b) TC-GY03

图 2.19　节流阀操作

2.4.4　设备参数

（1）液压源　两个实验台的液压源参数相同，额定压力为 6MPa，泵和电机的具体参数列写如下。

1）定量泵。型号为 PV2R1-8-F1，额定压力为 21MPa（与系统额定压力不同），排量为 8mL/r。

2）限压式变量泵。型号为 VP-15-FA3，额定压力为 70kgf/cm^2（约 7MPa），排量为 8.33mL/r。

3）定量泵电动机。型号为 C03-43-BO，额定功率为 2.2kW（3HP），额定转速为 1440r/min。

4）变量泵电动机。型号为 C02-43-BO，额定功率为 1.5kW（2HP），额定转速为 1440r/min。

⚠虽然定量泵的额定压力比较高，但本实验台的总体额定压力仍然为 6MPa。原因包括：① 电动机驱动功率不能支持这么高的压力；②铝制分流集流块不能承受高压；③某些工作在压力回路的其他元件不能承受高压。

（2）其他

1）电液比例溢流阀。型号为 DBEM10-30B/100XYM，额定压力为 10MPa，通径为 10mm，最小开起压力为 0.3MPa；配套放大器型号为 VT-2000BS40，电源电压为 24V，差动输入控制电压为 0~10V，电位器输入控制电压为 0~9V。

2）比例换向阀。型号为4WRE6E16-10B/24Z4/M，额定压力为31.5MPa，通径为6mm，滞环<1%，重复精度<1%，响应频率为6Hz；配套放大器型号为VT-5005，电源电压为24V，控制电压为±9V，振荡频率为2.5kHz，自带滤波电路和PID调节器、四个输入电位器、斜坡发生器（函数发生器）和差动信号输入。

3）伺服液压缸。活塞直径$D=40$mm，活塞杆直径$d=25$mm，行程为0~200mm，内置位移传感器。

4）双作用液压缸。活塞直径$D=40$mm，行程为0~200mm，额定压力为10MPa。

5）液压油。选用32#抗磨液压油。

6）PLC。型号为西门子S7-200，CPU224。

7）涡轮流量计。型号为LWGY-6，量程为0.5~12 L/min，二次仪表变送信号为4~20mA。

8）压力传感变送器。量程为0~10MPa，输出为4~20mA，精度为0.2级。

9）温度传感变送器。型号为RWB，Pt100，量程为-10~150℃，输出为4~20mA，精度为0.5级。

10）位移传感变送器。型号为KTC-200mm，量程为200mm，输出为4~20mA，精度为0.2级。

11）功率变送器。量程为0~3kW，输出为4~20mA，精度为0.5级。

12）数据采集卡。凌华12位，32通道AD的数据采集卡。

2.5 实验操作

2.5.1 系统初始化

1）首先将回路置于初始状态。将安全阀4、13的调压手柄逆时针旋转到0位，设置压力为最低，此时应感觉到转动阻力很小，保证液压泵能够空载起动；在测控柜上将比例溢流阀17的控制信号源选择置于[手动]位置，并逆时针旋转调压旋钮至0位；将节流阀手柄逆时针旋转至0位，此时阀处于完全打开状态。

⚠起动液压泵前务必检查安全阀是否打开，如果安全压力设置得过高或出口封闭，系统将发生超载。

2）向上扳动断路器手柄置于导通状态。

3）启动计算机。

2.5.2 实验过程

系统起动正常后，可进行如下正式实验。

***1. 项目一　定量泵流量-压力特性测试：比例溢流阀手动调压加载**

1）起动定量泵。按下定量泵[启动]按钮，[泵运行指示]灯亮，此时可听到电动机-泵组的运行噪声。

2）调定定量泵安全压力。顺时针旋转节流阀手柄至完全截止状态，此时手柄无法再顺时针转动；目视压力数显表（TC-GY04C）或压力表19（TC-GY03），交替顺时针缓慢旋转比例溢流阀调压旋钮和定量泵安全阀调压手柄，使压力缓慢上升，直至达到7MPa为止。此时观察流量显示，一般应不小于8~8.5 L/min，否则应适当降低比例溢流阀调定值，同时增大定量泵安全阀调定值，维持压力7MPa不变，使流量上升到8~8.5L/min。

3）逆时针缓慢调节比例溢流阀调压旋钮，观察压力下降情况，直到压力不再下降为止，记录此时的压力、流量和转速值，作为第一个测试点数据。

4）顺时针缓慢调节比例溢流阀调压旋钮，目视压力上升，顺序调定压力至（1.5MPa）、2MPa、2.5MPa、3MPa、3.5MPa、4MPa、5MPa、5.5MPa、6MPa，分别记录各测试点的压力、流量和转速。

5）逆时针缓慢旋转比例溢流阀调压旋钮回0位，此时压力下降到最低。

该项实验结束。

⚠调定安全压力时，请不要令系统长时间工作在7MPa下，调定好安全压力后尽快降压！

2. 项目二　定量泵流量-压力特性测试：比例溢流阀自动调压加载

如果没有做项目一的实验，请首先依次完成如下的第1）~3）步。

进行实验操作前请检查并确认：定量泵正常运转，安全压力已设置为7MPa，节流阀处于截止状态。

1）将比例溢流阀控制源选择开关置于[电脑]位置，此时比例溢流阀受计算机控制。

2）在计算机桌面双击[电液比例测控软件]，进入开始界面。

3）单击[液压测控系统]，进入实时测控界面。

4）选择信号波形为三角波，信号频率设为0.01Hz，对于TC-GY04C，设置信号幅值为4V，对于TC-GY03，设置信号幅值为2.6V。

5）选择控制方式。选择测控对象为[比例溢流阀]，控制方式缺省为[开环控制]，不必选择。

6）设置死区。单击[压力控制]右侧数据框，出现缺省值2MPa。

7）设置数据存储。缺省为[滤波]、[记录数据]保持不变，采样周期输入为20ms，存储路径[文件名]缺省为“d：\ 溢流阀特性”，不必更改。

8）依次单击[开始采集]、[替换全部]，观察控制信号值及压力值，此时压力会缓慢上升至约6MPa，然后缓慢下降至最低值，待第一个周期结束后开始手动记录数据；第二个周期结束后，观察压力降至最低值时，单击[停止采集]，回到开始界面。

9）数据记录：建议在压力缓慢上升过程中，于最低压力、（1.5MPa）、2MPa、2.5MPa、3MPa、3.5MPa、4MPa、4.5MPa、5MPa、5.5MPa、6MPa各点手动记录压力、流量和转速。另外一种数据获取途径是在开始界面单击[数据信号分析]或[油泵测试分析]，再单击[读取数据]选择“d：\溢流阀特性”，在数据列表中读取数据，由于表中数据量很大，寻找测试点数据很费事，另外，TC-GY04C的软件滤波效果不好，所记录的压力数据波动较大，因而不建议采用这种方法。

10）返回到开始界面，单击[结束]按钮，退出测控软件。

该项实验结束。

3. 项目三　定量泵流量-压力特性测试：节流阀加载

进行实验操作前请检查并确认：定量泵正常运转，安全压力已设置为7MPa，节流阀处于截止状态。

1）逆时针缓慢旋转节流阀手柄至0位，此时节流阀完全导通，压力降至最低。

2）按下定量泵的停止按钮，定量泵停止。

3）拔下比例溢流阀入口管，位置如图2.17所示。

切断比例溢流阀入口管时，请按图示位置拔出，即：拔出入口管远离比例阀端口的那端接头，而不是与比例溢流阀相连接的接头，否则升压过程中可能发生管子突然摆动，金属管端甩出，容易伤人或损坏实验设备！

4）按下定量泵的启动按钮，定量泵起动，记录此时的压力、流量和转速。

5）目视压力表，顺时针缓慢旋转节流阀手柄，顺序调定压力至（1.5MPa）、2MPa、2.5MPa、3MPa、3.5MPa、4MPa、4.5MPa、5MPa、5.5MPa、6MPa，记录各测试点压力、流量和转速。

6）逆时针缓慢旋转节流阀手柄至0位，阀处于完全导通状态。

7）逆时针缓慢旋转定量泵安全阀调压手柄至0位，阀处于最低调定压力状态，至压力不再下降即可。

8）按下定量泵的停止按钮，定量泵停止。

停泵前应降压，防止冲击。

该项实验结束。

4. 项目四　限压式变量泵流量-压力特性测试：节流阀加载

进行实验操作前请检查并确认：变量泵安全阀处于0位（设定压力为最低状态），节流阀处于0位（导通状态）。

1）按下变量泵的启动按钮，此时泵运行指示灯亮，变量泵运转。

2）调定安全压力。目视压力表，交替顺时针缓慢旋转节流阀手柄和变量泵安全阀手柄，使压力上升，直至压力达到6MPa左右，流量为0。此时应确保安全阀处于截止状态，确认方法是反向（逆时针）缓慢旋转变量泵安全阀手柄，使压力降低，变量泵输出流量，并听到溢流噪声，而后再顺时针旋转安全阀手柄，直至输出流量为0，溢流噪声消失为止，保持此安全阀设定值不变。

3）目视压力表，逆时针缓慢旋转节流阀手柄，将压力调至最低值，记录此时的压力、流量。

4）顺时针缓慢旋转节流阀手柄，使压力上升，顺序调定压力为（1.5MPa）、2MPa、2.5MPa、3MPa、……，至4~5MPa，达到拐点压力（TC-GY04C的拐点压力较高，约为5MPa，TC-GY03的拐点压力较低，约为4~4.5MPa）。从拐点压力开始，每升高0.2MPa作为一个测试点，顺序提高压力，直至流量为0，记录各测试点压力、流量。

拐点之后的测试点要密一些，以保证用描点法画出的曲线光滑。

5）逆时针缓慢旋转节流阀手柄至0位，此时节流阀完全导通。

6）逆时针缓慢旋转变量泵安全阀手柄至0位，此时安全阀设定压力为最低值。

7）按下变量泵的停止按钮，变量泵停止。

⚠停泵前应降压，防止冲击。

该项实验结束。

2.5.3　系统关闭

全部实验项目结束后，两台泵处于停止状态，确认此时定量泵和变量泵安全阀均处于0位（设定压力最低状态），节流阀处于0位（完全导通状态），比例溢流阀手动调压旋钮处于0位（设定压力最低值）。再进行如下操作完成系统关闭。

1）将比例溢流阀控制源选择开关调至手动状态。

2）关闭计算机。

3）向下扳动断路器手柄，系统断电。

2.6　数据处理及实验报告

2.6.1　定量泵实验

针对项目一、项目二和项目三，需要进行如下数据处理。

1）根据给定的被试定量泵参数，以及所记录的实际转速，计算各测试点的理论流量。

2）根据各测试点的理论流量和实测流量，计算各测试点的容积效率。

3）将项目一、项目二和项目三的流量-压力曲线画在同一个直角坐标系内，进行比较。

4）将项目一、项目二和项目三的容积效率曲线画在同一个直角坐标系内，进行比较。

*5）估算比例溢流阀的泄漏口流量，画出其相对于工作压力的变化曲线。

⚠比例溢流阀的泄漏口流量：用项目三的各压力点流量减去项目一相应压力点的流量。

将各项数据记录在表2.1中。

表2.1　定量泵实验数据

	压力 p_p/MPa	流量 Q_p/(L/min)	转速 n_p/(r/min)	理论流量 Q_{tp}/(L/min)	温度 T/℃	容积效率 η_{vp}	Y口流量 Q_y/(L/min)
项目一	最低						
	(1.5)						
	2						
	2.5						
	3						
	3.5						
	4						
	4.5						
	5						
	5.5						
	6						

（续）

	压力 p_p/MPa	流量 Q_p/(L/min)	转速 n_p/(r/min)	理论流量 Q_{tp}/(L/min)	温度 T/℃	容积效率 η_{vp}	Y 口流量 Q_y/(L/min)
项目二	最低						
	(1.5)						
	2						
	2.5						
	3						
	3.5						
	4						
	4.5						
	5						
	5.5						
	6						
项目三	最低						
	(1.5)						
	2						
	2.5						
	3						
	3.5						
	4						
	4.5						
	5						
	5.5						
	6						

2.6.2 限压式变量泵实验

针对项目四，需要进行如下数据处理。

1）根据给定的被试变量泵参数和相同压力下的定量泵转速，近似估算拐点之前各测试点的理论流量。

2）根据各测试点的理论流量和实测流量，计算拐点之前各测试点的容积效率。

3）画出流量-压力曲线和容积效率-压力曲线。

将各项数据记录在表 2.2 中。

表 2.2 限压式变量泵实验数据

压力 p_p/MPa	流量 Q_p/(L/min)	估算转速 n_a/(r/min)	理论流量 Q_{tp}/(L/min)	温度 T/℃	容积效率 η_{vp}
最低					
(1.5)					
2					

（续）

压力 p_p/MPa	流量 Q_p/(L/min)	估算转速 n_a/(r/min)	理论流量 Q_{tp}/(L/min)	温度 T/℃	容积效率 η_{vp}
2.5					
3					
3.5					
4					
4.2					
4.4					
4.6					
4.8					
5.0					
5.2					

注：本表格下部留出的空行用于填写限压式变量泵流量-压力曲线拐点后的流量下降部分的实验数据，请根据实际情况增补测试点。

2.6.3　思考题

1）从实验原理的角度看，项目一、项目二和项目三的实验结果哪个最精确？哪个误差最大？为什么？（即使项目一不做实验，该题也应在原理上回答。）

2）电液比例溢流阀的泄漏口流量取决于那些因素？怎样变化？

3）在流阻实验的装置中，离心泵的出口没有安装安全阀，而且起动时要封闭出口，但在本实验的装置中，叶片泵的出口却必须安装安全阀，为什么？常用的液压泵出口是否都必须安装安全阀？是否可以封闭出口起动？

实验三

节流调速系统负载特性实验

3.1 概述

液压系统的调速方式主要包括节流调速、容积调速，以及容积节流调速，近些年还发展出了电动机直驱调速系统，通过调节电动机转速来调节泵的流量从而调节执行元件的输出速度。节流调速系统结构简单，制造成本低，动态响应性能好，但功率损失大，效率低，发热严重；容积调速系统结构较为复杂，制造成本高，动态响应性能较差，但功率损失小，效率高。

本实验以节流调速为内容，设置了以下六个项目。

1）调速阀进口节流调速负载特性实验。

2）调速阀进口节流调速正负负载切换实验。

*3）调速阀出口节流调速负载特性实验[⊖]。

4）调速阀出口节流调速正负负载切换实验。

*5）调速阀旁路节流调速负载特性实验。

*6）调速阀旁路节流调速正负负载切换实验。

3.2 实验目的

相对于元件性能实验而言，本实验为系统性能实验，主要目的是使学生了解节流调速方式的性能特点，具体内容包括以下三点。

1）了解调速阀的静态负载特性。

2）了解两种（或三种）调速回路的负载特性差异。

3）学会使用计算机测试系统记录位移曲线。

需要说明的是，调速阀调速系统在负载增加到使调速阀两端压力差很小时，也能显现出普通节流阀的性能特点，因此不再单独设置普通节流阀调速内容。

3.3 实验原理

3.3.1 调速阀的稳速性能

调速阀的工作原理及稳速性能如图 3.1 所示。

⊖ 带“*”号的项目为选做内容，由教师根据课时情况决定是否选做。下同。

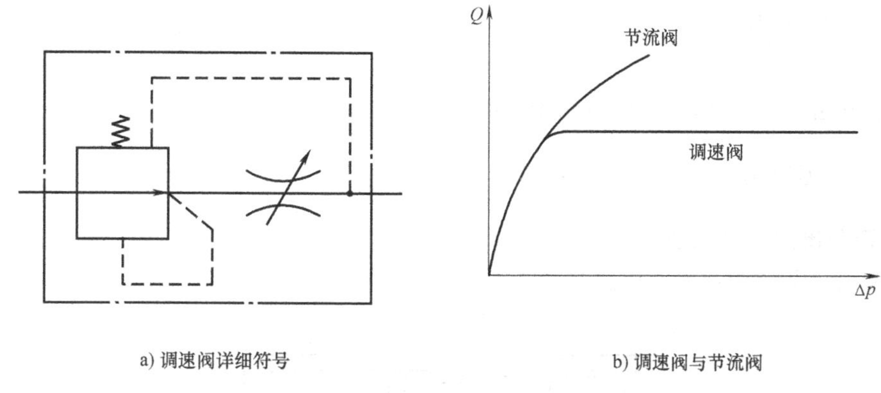

图 3.1　调速阀工作原理与速度特性

在恒压节流调速系统中，当负载变化时，普通节流阀的两端压力差 Δp 随之变化，流量也随之而变，导致输出速度受负载干扰的影响很大。调速阀可以克服普通节流阀的这个缺点，当负载变化时，它可以自动调节内部减压阀的开口量，以保证内部节流阀的两端压力差基本稳定。不过，当负载过大，调速阀两端压力差过小时，减压阀将不能再恒定其内部节流阀的两端压力差，此时的调速阀性能与节流阀相同。

3.3.2　三种节流调速系统的负载特性差别

进口、出口节流调速系统均工作在恒压系统中，负载通常为阻力负载，在这种情况下，两种节流调速回路都能较好地稳定速度，不过一旦负载由阻力负载变为拉力负载（负负载），二者的稳速性能将出现明显差异。进口节流调速系统由于回油无背压，活塞杆被负载拖动前行，速度变化快，调速阀无法稳速；出口节流调速系统由于能够有效维持背压，所以稳速性能依然能够保证。两种节流调速系统的工作状态如图 3.2 所示。

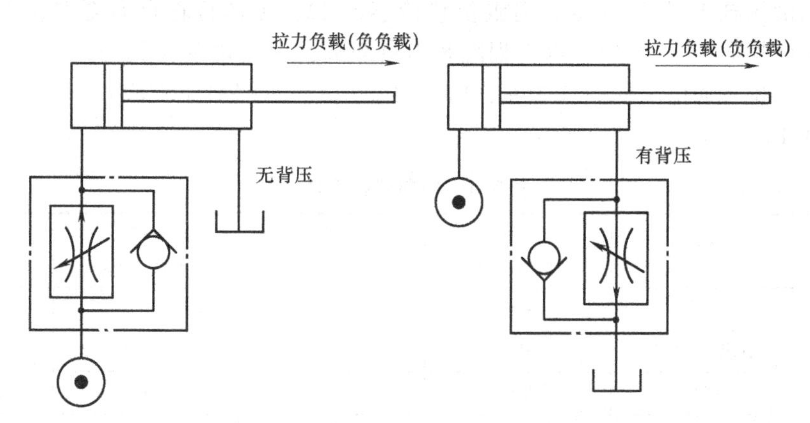

图 3.2　进口、出口节流调速系统在拉力负载下的工作状态

旁路节流调速回路的工作压力随负载变化，负载过小时，使工作压力小于旁路调速阀能够稳定流量的最低进口压力，系统稳速性能将变差。另外，工作压力的变化会导致泵的泄漏量变化，使泵的输出流量随压力升高而下降，从而影响速度的稳定性。旁路节流调速系统的液压缸没有背压阀，不能抵御拉力负载的干扰。

3.4 实验装置

本实验装置以 TC-GY03 电液比例实验台为基础搭建。

3.4.1 实验回路

1. 进口和出口节流调速

进口和出口节流调速实验回路如图 3.3 所示。

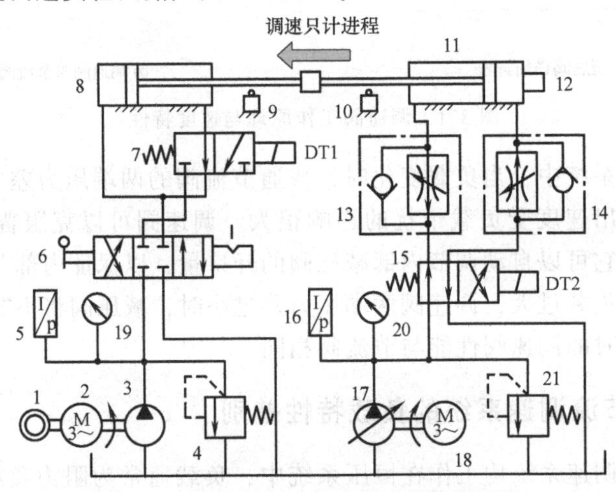

图 3.3 进口和出口节流调速系统原理图

1—转速传感器 2、18—三相异步电动机 3—定量泵 4、21—溢流阀 5、16—压力传感器 6—三位四通手动换向阀 7—二位三通电磁换向阀（DT1） 8—负载缸 9、10—行程开关 11—工作缸 12—位移传感器 13、14—单向调速阀 15—二位四通电磁换向阀（DT2） 17—变量泵 19、20—精密压力表

本回路以液压缸 11 为工作缸，内置位移传感器 12，工作行程自右至左，由变量泵 17 驱动，通过电磁换向阀 15 换向；以工程缸 8 为负载缸，由定量泵 3 驱动，采用三位四通手动换向阀 6 和二位三通电磁换向阀 7 配合切换加载方式。在各种工作模式下，各换向阀的工作状态见表 3.1。

表 3.1 换向阀状态表

	工作状态	手动换向阀 6	DT1（换向阀 7）	DT2（换向阀 15）	备注
常规加载实验	进程	左位	-	+	差动加载
	工作缸回程	左位	-	-	差动加载
负载切换实验	进程	左位	-	+	差动加载
	负载切换	中位	+	+	切换操作
	负负载进程	右位	+	+	负负载
	工作缸回程	左位	-	-	差动加载

进口节流调速实验时，将出口单向调速阀 13 开度调到最大，使其不起调节作用；出口节流调速时，将进口单向调速阀 14 开度调到最大，使其不起调节作用。

精密压力表 19 用于测量负载缸 8 的油源压力，得到压力 1；精密压力表 20 则用于测量工作缸 11 的油源压力，得到压力 2。

实验台照片如图 3.4 所示，该照片与图 3.3 所示原理图对应。

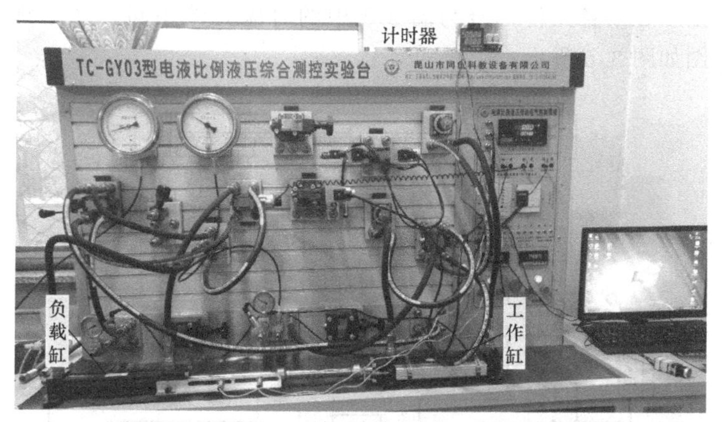

a) 实验台全貌

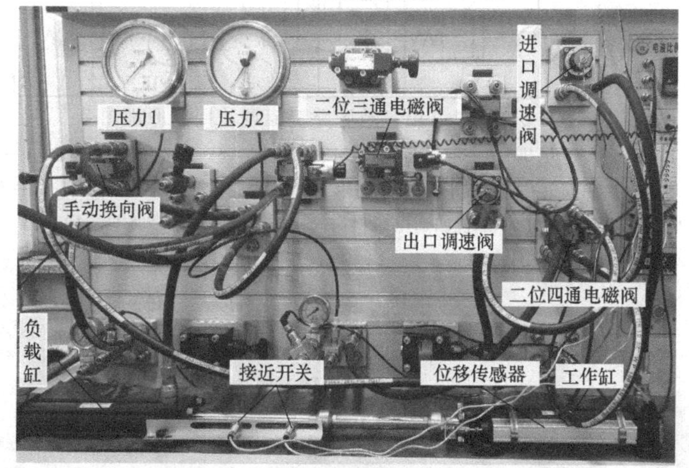

b) 液压回路

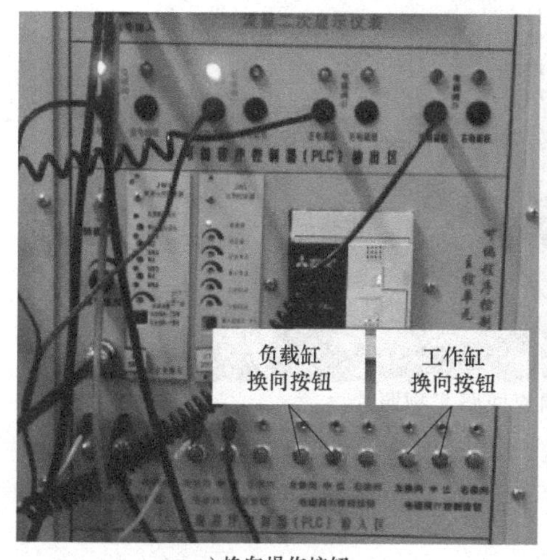

c) 换向操作按钮

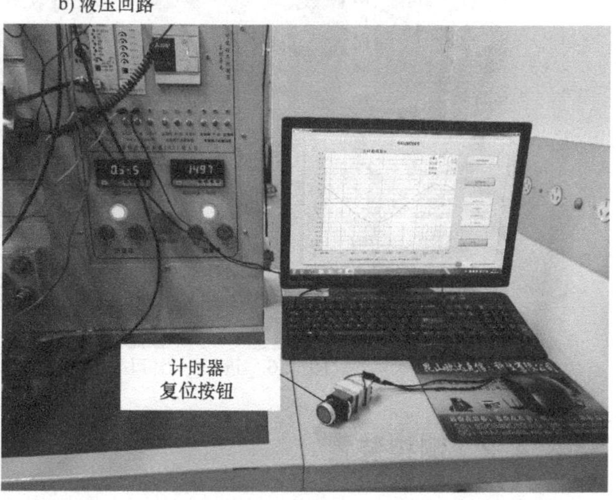

d) 计时器复位按钮

图 3.4　进口、出口节流调速实验装置照片

2. 进口、出口及旁路节流调速总图

由于将旁路节流调速作为可选项，课时较少时，往往不做这个项目，所以将不带旁路节流调速的进口和出口节流调速项目单独介绍。如果三种节流调速项目都要做，则回路原理图如图3.5所示。图3.5中各元件标号与图3.3中的对应元件相同，只是增加了单向调速阀22。相应的实物图如图3.6所示。

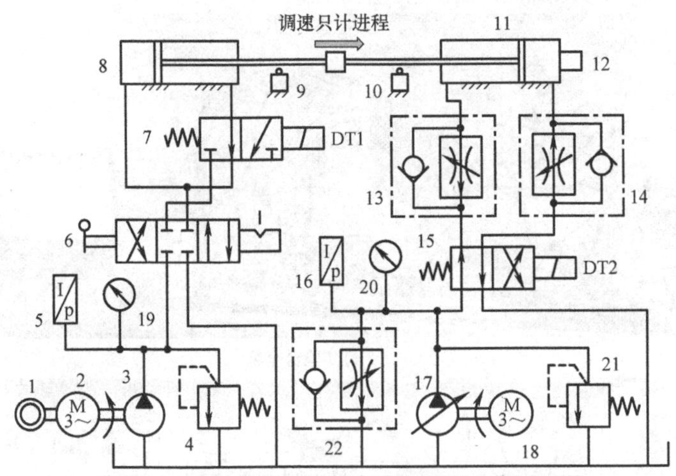

图3.5 进口、出口及旁路节流调速回路原理图

1—转速传感器 2、18—三相异步电机 3—定量泵 4、21—溢流阀 5、16—压力传感器 6—三位四通手动换向阀 7—二位三通电磁换向阀（DT1） 8—负载缸 9、10—行程开关 11—工作缸 12—位移传感器 13、14、22—单向调速阀 15—二位四通电磁换向阀（DT2） 17—变量泵 19、20—精密压力表

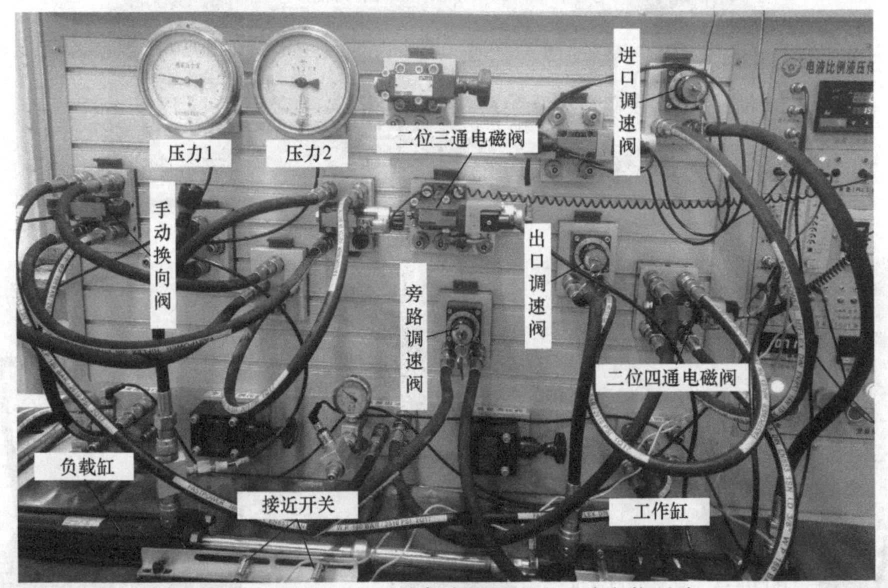

图3.6 进口、出口及旁路节流调速回路实物照片

3.4.2 测控装置

1. 测速装置

虽然工作缸里集成了位移传感器，但是配套的测控软件并没有将位移信号转换为速度信

号的功能，所以还需要单独配备简单的测速装置：两个接近开关和一台计时器。两个接近开关分别负责在计时行程起点和终点发出信号，行程长度为 100mm。行程开关的引线连接到测控面板的 PLC 信号输入端，开关发信时，PLC 信号输出端输出 24V 信号，使相应的继电器通电，从而控制计时器开始计时和暂停计时。每次作动回程后，要手动操作复位按钮使计时器复位，为记录下一个行程时间做好准备。

具体工作方式是：在工作缸的进程阶段，其活塞杆端的金属连接块运动到接近开关附近时，触发接近开关发出信号，计时器从复位状态开始计时；连接块运动到远端的接近开关时，触发暂停信号，计时器停止计时，此次进程的时间就会显示在计时器的数码面板上。工作缸回程时，计时器不计时，在工作缸下一次运动前，需按压一次复位按钮，使计时器复位，数码面板显示数字均为 0 即可。复位按钮如图 3.4d 所示。

计时器显示 8 位数字，如图 3.7 所示。上面一排的前两位数字为小时，范围是 0～99；后两位数字为分钟，范围是 0～59；下面一排的四位数字为秒钟，范围是 0～59.99。

这套装置只能测量平均速度：

$$\bar{v}=\frac{100\text{mm}}{t}$$

式中　t——计时器记录的行程时间，换算为秒。

2. 位移信号

位移传感器安装在工作缸 11 侧面，如图 3.8 所示。其默认的正方向是自右向左，显示活塞杆从最右侧到最左侧的位移值，工作缸的实际最大行程约为 180mm。

图 3.7　计时器

图 3.8　位移传感器

虽然测控软件不能直接测量速度，但是通过电脑记录的位移-时间曲线，也能获得速度情况。

⚠ 有关测控装置的其他内容，请参看实验二的相关部分。

3.5　实验操作

3.5.1　系统初始化

1）首先将回路置于初始状态：将安全阀 4、21 的调压手柄逆时针旋转到 0 位（感觉没有力度即可），设置压力为最低，保证液压泵能够空载起动。

⚠ 安全阀手柄不可无限制地逆时针旋转，否则会将手柄拆离阀体，在液压泵运转状态下将导致阀体喷油。

2）向上扳动断路器手柄置于导通状态。

3）启动计算机。

4）将手动换向阀 6 置于左位，DT1 不通电，DT2 不通电。

3.5.2 实验过程

系统起动正常后，可进行如下正式实验。

1. 项目一 调速阀进口节流调速负载特性实验

1）起动定量泵。按定量泵[启动]按钮，[泵运行指示]灯亮，此时可听到电动机-泵组的运行噪声。

2）起动变量泵。按变量泵[启动]按钮，[泵运行指示]灯亮，此时可听到电动机-泵组的运行噪声。

3）将出口调速阀 13 的开度调至最大。顺时针旋转其调节手柄至刻度箭头指向最大。如果安装了旁路调速阀 22，则将其开度调至最小，方法是逆时针旋转其调节手柄至箭头指向刻度为 0。

4）调定变量泵工作压力。缓慢顺时针旋转变量泵安全阀调压手柄，观察压力上升状况，直至达到 3MPa 为止。

5）调定进口调速阀 14 开度。将其开度置于 2。

⚠ 随着实验台运转时间的延长、油温的增加，或更换元件等，调速装置的特性会有所变化，调速阀开度也需要进行调整，原则为：保证工作缸的空载行程时间在 6 秒左右，不应超过 7 秒。

进口调速阀开度保持不变，进行以下步骤。

6）DT2 通电，在工作缸活塞杆左行过程中记录压力 1 和压力 2，行至终点后记录进程时间。该测试点的速度为空载速度。

7）DT2 断电，活塞杆右行至终点，按计时器复位按钮，计时器复位。

8）缓慢调节定量泵安全阀 4 压力（单位为 MPa）分别至 1、1.5、2、2.5、3、3.5、4……后重复步骤 6、7 的操作。原则上应做到速度为 0 为止，实际上如果行程时间超过 8.5s，再增加负载而无法使液压缸动作即可结束实验。

⚠ 测试点的安排应随实际情况进行调整，当负载压力增至一定值后，速度将显著下降，该点即为拐点，拐点附近及拐点之后的负载压力测试点应分配得密集一些，以使曲线圆滑。

⚠ 当负载压力增大到一定值后，起动工作缸时，活塞杆不动，这可能不是达到了最大负载点，而是静摩擦力过大所致，此时可缓慢调节定量泵安全阀，使负载压力降低，直到工作缸动起来，然后迅速提高压力至所需要的值。

项目一实验结束。

2. 项目二　调速阀进口节流调速负载切换实验

⚠初始状态确认：变量泵压力为3MPa，出口调速阀13处于开度最大状态；如果安装了旁路调速阀22，它应处于关闭状态。

1）调定负载压力。缓慢调节定量泵压力至4MPa。

2）启动测控软件。在计算机桌面双击电液比例测控软件，进入开始界面。

3）单击液压测控系统，进入实时测控界面，测控对象选择处勾选常规阀测试。

4）设置数据存储。缺省为滤波、记录数据不变，采样周期设置为20ms，存储路径文件名缺省为“d：\溢流阀特性”，不必更改。

5）依次单击开始采集、替换全部，测控系统进入工作模式，示波器Y轴参数选择为位移L。

6）DT2通电，活塞杆左行。

7）负载切换。观察活塞杆连接块运动至两个接近开关中点时，将手动换向阀6置于中位，活塞杆行进停止；在PLC信号输入面板按负载缸绿色换向按钮，则DT1通电，此时换向阀7换向。

8）将手动换向阀6置于右位，活塞杆继续前行至终点。

9）回程。在PLC信号输入面板按负载缸红色换向按钮，使DT1断电，此时换向阀7换向，再将手动换向阀6置于左位，将DT2断电，活塞杆右行至终点。

10）按计时器复位按钮，计时器复位。

11）降压。顺次逆时针旋转定量泵和变量泵的安全阀调压手柄，使压力降至最低。

12）生成位移-时间曲线。单击停止采集，退回到开始界面，依次单击数据信号分析、读取数据，选择默认文件“d：\溢流阀特性”，单击确定，示波器Y轴参数选位移L，X轴参数选时间t，Y轴最大值输入220，单击生成波形曲线。

13）采用波形显示工具局部放大工作进程的位移-时间曲线，用手机拍照记录。

⚠注意：应将X轴和Y轴刻度值拍在照片内，以便于估算速度。

14）单击返回，退回到开始界面。

项目二实验结束。

*3. 项目三　调速阀出口节流调速负载特性实验

⚠初始状态确认：两台泵都在运转，压力为最低。

1）调速阀开口调节。将进口调速阀14的开度调至最大，即顺时针旋转其调节手柄至箭头指向刻度为最大。

2）调定出口调速阀13开度，将其开度置于2。

3）调压。顺时针旋转变量泵安全阀调压手柄，将压力调节至3MPa。

⚠随着实验台运转时间的延长、油温的增加，或更换元件等，调速装置的特性会有所变化，调速阀开度也需要作些调整，原则是：保证工作缸的空载行程时间约为6s，不应超过7s。

出口调速阀13开度保持不变，进行以下步骤。

4）DT2通电，在工作缸活塞杆左行过程中记录压力1和压力2，行至终点后记录进程时间。该测试点的速度为空载速度。

5）DT2断电，活塞杆右行至终点，按计时器复位按钮，计时器复位。

6）缓慢调节定量泵安全阀4压力（单位为MPa）分别至1、1.5、2、2.5、3、3.5、4……后重复步骤4、5的操作。原则上应做到速度为0为止，实际上如果行程时间超过8.5s，再增加负载而无法使油缸动作即可结束实验。

⚠测试点的安排应随实际情况进行调整，当负载压力增至一定值后，速度将显著下降，该点即为拐点，拐点附近及拐点之后的负载压力测试点应分配密集一些，以使曲线圆滑。

⚠当负载压力增大到一定值后，起动工作缸时，活塞杆不动，这可能不是达到了最大负载点，而是静摩擦力过大所致，此时可缓慢调节变量泵安全阀，使压力增大，直到工作缸动起来，然后迅速降低压力至略小于3MPa（缸停止后，显示压力会有所回升）。

项目三实验结束。

4. 项目四　调速阀出口节流调速负载切换实验

如果没有进行项目三的实验，则应首先进行“3. 项目三”的步骤1~3，然后进行以下操作。

⚠初始状态确认：变量泵压力为3MPa，进口调速阀14处于开口最大状态；如果安装了旁路调速阀22，它应处于关闭状态；出口调速阀13开度为2，测控软件处于开始界面。

1）调定负载压力。缓慢调节定量泵压力至4MPa。

2）单击[液压测控系统]，进入实时测控界面，[测控对象选择]处勾选[常规阀测试]。

3）设置数据存储。缺省为[滤波]、[记录数据]不变，[采样周期]设置为20ms，存储路径[文件名]缺省为“d：\溢流阀特性”，不必更改。

4）依次单击[开始采集]、[替换全部]，测控系统进入工作模式，示波器Y轴参数选择为[位移L]。

5）DT2通电，活塞杆左行。

6）负载切换。观察活塞杆连接块运动至两个接近开关中点时，将手动换向阀6置于中位，活塞杆行进停止；在PLC信号输入面板按负载缸绿色换向按钮，使DT1通电，换向阀7换向。

7）将手动换向阀置于右位，活塞杆继续前行至终点。

8）回程。在PLC信号输入面板按负载缸红色换向按钮，使DT1断电，此时换向阀7换向，再将手动换向阀6置于左位，将DT2断电，活塞杆右行至终点。

9）按计时器复位按钮，计时器复位。

10）降压。顺次逆时针旋转定量泵和变量泵的安全阀调压手柄，使压力降至最低。

11）生成位移-时间曲线。单击[停止采集]，退回到开始界面，依次单击[数据信号分析]、[读取数据]，选择默认文件“d：\ 溢流阀特性”，单击[确定]，示波器 Y 轴参数选[位移 L]，X 轴参数选[时间 t]，[Y 轴最大值]输入“220”，单击[生成波形曲线]。

12）采用波形显示工具局部放大工作进程位移-时间曲线，用手机拍照记录。

⚠注意：应将 X 轴和 Y 轴刻度值拍在照片内，以便于估算速度。

13）单击[返回]，退回到开始界面。

项目四实验结束。

***5. 项目五　调速阀旁路节流调速负载特性实验**

⚠初始状态确认：变量泵压力为 3MPa，旁路调速阀 22 关闭，进口调速阀 14 处于开口最大状态。

1）将出口调速阀 13 开度调至最大，顺时针旋转其调节手柄至箭头指向刻度为最大。

2）调定旁路调速阀 22 开度，将其开度置于 6.5。

旁路调速阀开度保持不变，进行以下步骤。

3）DT2 通电，在工作缸活塞杆左行工作行程中记录压力 1 和压力 2，行至终点后记录行程时间。该测试点速度为空载速度。

4）DT2 断电，活塞杆右行至终点，按计时器复位按钮，计时器复位。

5）缓慢调节定量泵安全阀 4 压力（单位为 MPa）分别至 1、1.5、2、2.5、3、3.5、4、……重复步骤 3、4。原则上应做到速度为 0 为止，实际上如果行程时间超过 15s 即认为速度为 0，此时可结束实验。

⚠当负载压力增至一定值后，速度将显著下降，该点即为拐点，拐点附近及拐点之后的负载压力测试点应分配密集一些，以使曲线圆滑。

⚠当负载压力增大到一定值后，起动工作缸时，活塞杆不动，这可能不是达到了最大负载点，而是静摩擦力过大所致，此时可缓慢调节变量泵安全阀，使压力增大，直到工作缸动起来，然后迅速降低压力至略小于 3MPa（缸停止后，显示压力会有所回升）。

项目五实验结束。

***6. 项目六　调速阀旁路节流调速负载切换实验**

⚠初始状态确认：变量泵压力为 3MPa，进口调速阀 14 及出口调速阀 13 处于开口最大状态，测控软件处于开始界面。

1）调定负载压力。缓慢调节定量泵压力至 3MPa。

2）点击[液压测控系统]，进入实时测控界面，[测控对象选择]处勾选[常规阀测试]。

3）设置数据存储。缺省为[滤波]、[记录数据]不变，[采样周期]设置为 20ms，存储路径[文件名]缺省为“d：\ 溢流阀特性”，不必更改。

4）依次单击[开始采集]、[替换全部]，测控系统进入工作模式，示波器 Y 轴参数选择为[位移 L]。

5）DT2 通电，活塞杆右行。

6）负载切换。观察活塞杆连接块运动至两个接近开关中点时，将手动换向阀 6 置于中位，活塞杆行进停止；在 PLC 信号输入面板按负载缸绿色换向按钮，使 DT1 通电，换向阀 7 换向。

7）将手动换向阀置于右位，活塞杆继续前行至终点。

8）回程。在 PLC 信号输入面板按负载缸红色换向按钮，使 DT1 断电，换向阀 7 换向，再将手动换向阀 6 置于左位，将 DT2 断电，则活塞杆右行至终点。

9）按计时器复位按钮。

10）生成位移-时间曲线。单击[停止采集]，退回到开始界面，依次单击[数据信号分析]、[读取数据]，选择默认文件“d：\ 溢流阀特性”，单击[确定]，示波器 Y 轴参数选[位移 L]，X 轴参数选[时间 t]，[Y 轴最大值]输入 220，单击[生成波形曲线]。

11）采用波形显示工具局部放大工作进程位移-时间曲线，用手机拍照记录。

⚠注意：应将 X 轴和 Y 轴刻度值拍在照片内。

12）退出软件。单击[返回]，退回到开始界面，单击[结束]，退出软件。

项目六实验结束。

3.5.3 系统停车

⚠初始状态确认：全部实验完成，活塞杆处于右侧极限位置，计时器清零；两台泵的压力为最低。

1）停泵。依次按动力操作面板上的定量泵和变量泵的[停止]按钮，两台泵停止。

2）关闭计算机。

3）向下扳动断路器手柄，系统断电。

3.6 数据处理及实验报告

工作泵的基础参数列举如下。

1）工作压力为 3MPa。

2）工作行程为 100mm。

3）活塞直径 D 为 40mm，活塞杆直径 d 为 25mm。

3.6.1 负载特性实验

1）将负载特性实验数据填入表 3.2、表 3.3 和表 3.4，作相应计算，完成表格。

说明：下列表格中都留出了较多的空行，用于记录速度曲线下降部分的实验数据。请根据实际情况适当增加测试点，保证曲线形状完整，圆滑过渡。

2）以负载力为横坐标，速度为纵坐标，在同一坐标系内画速度-负载力曲线，简单分析两个（或三个）回路的负载特性。

表 3.2　调速阀进口节流调速负载特性实验数据

负载压力/MPa	压力 1/MPa	压力 2/MPa	负载力/N	时间/s	速度/(mm/s)
最低压力					
1					
1.5					
2					
2.5					
3					

***表 3.3　调速阀出口节流调速负载特性实验数据**

负载压力/MPa	压力 1/MPa	压力 2/MPa	负载力/N	时间/s	速度/(mm/s)
最低压力					
1					
1.5					
2					
2.5					
3					

*表 3.4　调速阀旁路节流调速负载特性实验数据

负载压力/MPa	压力 1/MPa	压力 2/MPa	负载力/N	时间/s	速度/(mm/s)
最低压力					
1					
1.5					
2					
2.5					
3					

3.6.2　负载切换实验

1）将两条（或三条）位移-时间曲线的照片贴在实验报告内。

2）分别估算正负载和负负载下的速度。

说明：测控软件示波器横坐标时间量应是采样点数，采样周期设置为 20ms 时，实际时间为

$$时间=0.02\times点数\ (s)$$

3）根据以上数据分析两种（或三种）调速方式承受负负载的能力。

3.6.3　思考题

1）就完成节流调速实验功能本身而言，图 3.3 所示负载切换回路应该不是最高效的，你可以将其改善为更高效的系统么？

2）负载特性实验中计算的负载力准确么？存在什么误差？

*3）观察工作缸静止状态和动作过程中压力 1 和压力 2 的变化情况，说明理由。

实验四

电液比例伺服系统应用实验

4.1 概述

随着自动化技术的发展，液压系统的自动化程度也越来越高，如伺服系统、继电器控制系统、PLC 控制系统等，一般可以将自动控制方式分为两种：一是开关控制，或称逻辑控制，主要用于实现顺序动作或程序控制回路，使各个动作或工序按设定的程序逐次展开；二是连续控制，用于输出量连续变化的系统，或者高精度、高动态特性的系统。电液比例伺服系统属于后者，它采用电控元件，能够实现流量、压力的连续调节，从而控制位移、速度和力，相应地构成位置系统、速度系统和力系统。

电液比例伺服系统的主要控制元件是比例阀和伺服阀，最常用的比例阀包括电液比例溢流阀、电液比例调速阀和电液（磁）比例换向阀，最常用的伺服阀是电液伺服阀。这两类阀中，电液比例换向阀和电液伺服阀（流量型）的功能很相似，都是通过输入电流来控制滑阀的开口量，一般而言，电液伺服阀的控制精度和响应速度比电液比例换向阀要高出一个乃至几个量级。本实验项目即是以最基本的电液（磁）比例阀控缸机构和电液伺服阀控缸机构为实验内容，使学生了解其基本功能和性能，亲身体验和应用液压自动控制系统，体会电液比例和电液伺服的性能差别。

本实验设置了如下六个项目，前三个为电液比例阀控缸系统实验，后三个为电液伺服阀控缸系统实验。

1）电液比例位置系统阶跃响应实验。

2）电液比例位置系统正弦响应实验。

*3）电液比例阀控缸系统静态开环实验[㊀]。

4）电液伺服位置系统阶跃响应实验。

5）电液伺服位置系统正弦响应实验。

*6）电液伺服阀控缸系统静态开环实验。

说明：关于比例换向阀的名称，一般来说，由比例电磁铁直接驱动主阀芯的直驱式阀称为电磁比例换向阀，而采用电磁比例阀作为先导阀控制液控主阀的先导式比例阀称为电液比例换向阀，本指导书不严格区分这两个概念，而统称为电液比例换向阀。

㊀ 带“*”号的项目为选做内容，由教师根据课时情况决定是否选做。下同。

4.2 实验目的

本实验的主要目的是拓展视野，让学生初步了解电液比例伺服系统的功能和基本性能，增加感性认识。具体的实验目的有如下几点。

*1）了解电液比例和伺服系统的输入控制信号与输出速度的静态关系。

2）了解电液比例和伺服闭环控制系统的功能和应用情况。

3）学习使用计算机测控系统。

*4）学习使用触摸屏。

4.3 实验原理

4.3.1 电液比例换向阀和电液伺服阀

这两种阀的功能都是通过输入控制电流来调节滑阀的开口量 x_v，使 x_v 能够在正负最大值之间连续变化，既能调节开口量，又能改变方向，兼具电控节流阀和电控换向阀的功能。

一般来说，电液比例阀和伺服阀都要配备驱动电路，实现控制信号（通常为电压信号）与阀的控制电流之间的转换，通常称之为比例放大板和伺服放大板。阀的功能可用式(4.1) 来表达。

$$x_v = k_y k_a u_c \tag{4.1}$$

式中 x_v——主阀开口量，单位为 mm；

k_a——驱动放大板的电流-电压比例常数，单位为 A/V；

k_y——开口量-电流比例常数，单位为 mm/A；

u_c——控制信号电压，单位为 V。

一般来说，电液伺服阀的控制电流为 mA 级，通常为数十 mA，而比例阀的控制电流要高出一个量级，通常为 1A 左右。

电液比例伺服系统最常用的结构是阀控缸和阀控马达，前者输出直线运动，后者输出旋转运动。图 4.1 所示为阀控缸系统的基本形态。

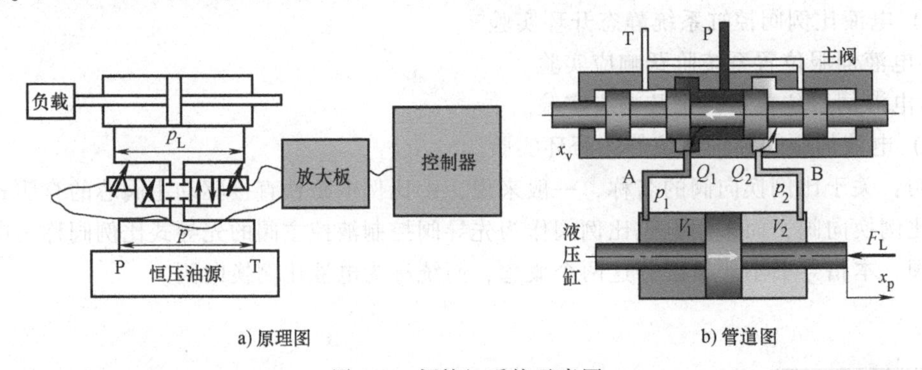

a) 原理图　　b) 管道图

图 4.1　阀控缸系统示意图

4.3.2　阀控缸（马达）位置闭环系统

由于电液比例换向阀和伺服阀的直接输出量是滑阀的开口量，当负载压力差和油源压力不变时，每个开口量对应着一定的输出流量（或负载压差），因而这两种阀直接调节的是负载流量（或负载压差），对应着负载速度（或作用力）。要实现位移或位置调节，则应采用闭环控制系统，如图 4.2 所示。

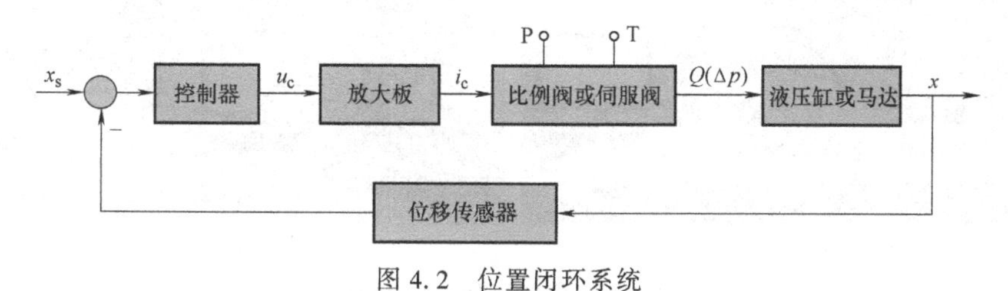

图 4.2　位置闭环系统

力系统和精确的速度系统也要采用闭环控制，这里不作介绍。

4.4　实验装置

4.4.1　实验回路

本实验的实验回路如图 4.3 所示。以 TC-GY04C 电液伺服实验台为基础，搭建该实验回路。系统的结构相对比较简单，以定量泵驱动比例伺服阀控缸系统，以变量泵驱动差动缸加载系统。其中，加载用的差动连接液压缸 10 采用普通的液压缸，比例伺服阀控缸机构采用伺服液压缸 13，并内置位移传感器 14。两台液压缸对顶连接，采用两个接近开关 11 和 12 发信，配合计时器计时，可测量平均速度，两个接近开关之间的距离设定为 100mm。

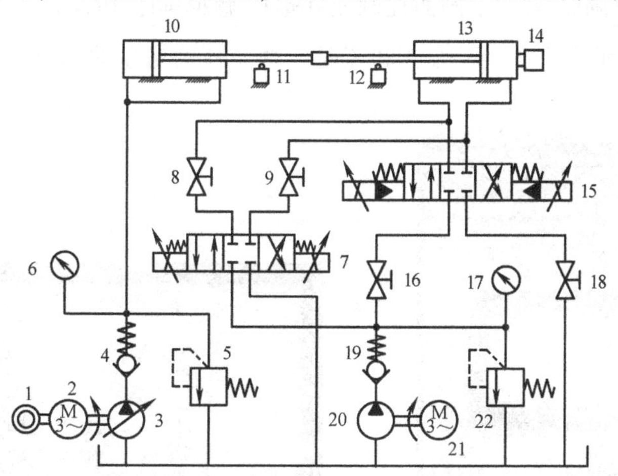

图 4.3　电液比例伺服系统原理图

1—转速传感器　2、21—三相异步电动机　3—变量泵　4、19—单向阀　5、22—溢流阀　6、17—压力表
7—电液比例方向阀　8、9、16、18—截止阀　10—液压缸　11、12—接近开关
13—伺服液压缸　14—位移传感器　15—电液伺服阀　20—定量泵

工作过程中，以比例伺服阀控缸为驱动系统，差动连接的液压缸为加载系统。

实验台照片如图 4.4 所示。实验台回路与图 4.3 所示原理图对应。

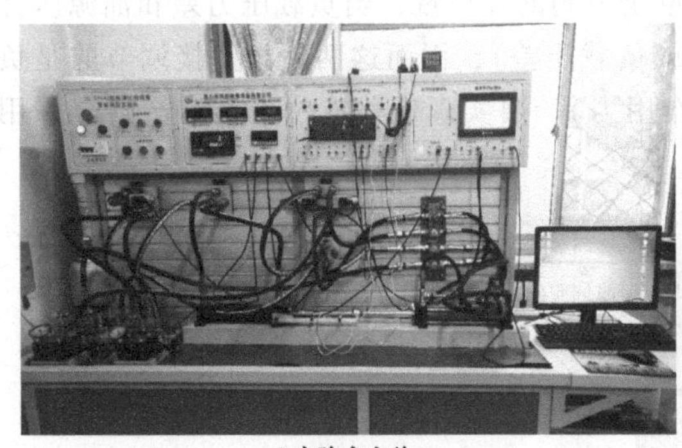

a) 实验台全貌

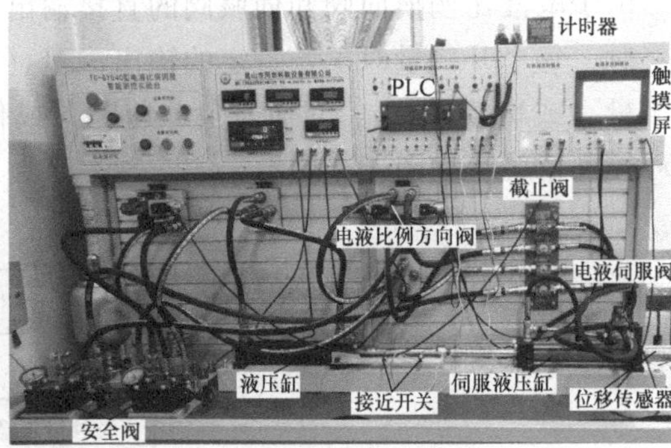

b) 实验台操作面板

图 4.4　电液比例伺服实验系统照片

驱动系统可以采用电液伺服阀构成电液伺服驱动装置，也可以采用电液比例阀构成电液比例驱动装置，二者不同时工作，需要利用截止阀 8、9、16、18 来进行切换。

4.4.2　测控装置

这里仅简单介绍触摸屏及测速装置。

1. 触摸屏

设备本身配套的测控软件不能同时控制电液比例换向阀和电液伺服阀，因而如果要同时调节电液比例换向阀和电液伺服阀，则要辅以触摸屏来实现。用计算机控制其中一个阀，用触摸屏来设置另一个阀的开度，装置照片如图 4.5 所示。

触摸屏如图 4.5b 所示，阀开度已经设置好，应用时，只需选择控制方式即可：驱动机构的控制元件选择<u>电脑</u>，另一个阀的控制元件选择<u>触摸屏</u>，切换开关如图 4.5c 所示。

触摸屏可同时显示压力 1、压力 2 和流量，两个压力数值来自于两个压力传感器（图 4.3 中未示出）。

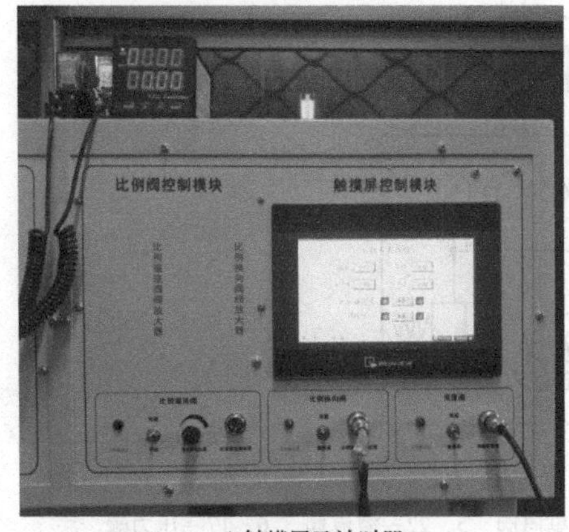

a) 触摸屏及计时器

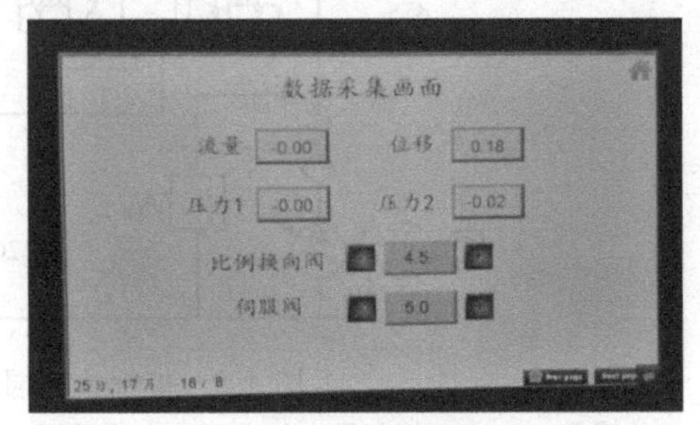

b) 触摸屏

图 4.5　触摸屏控制

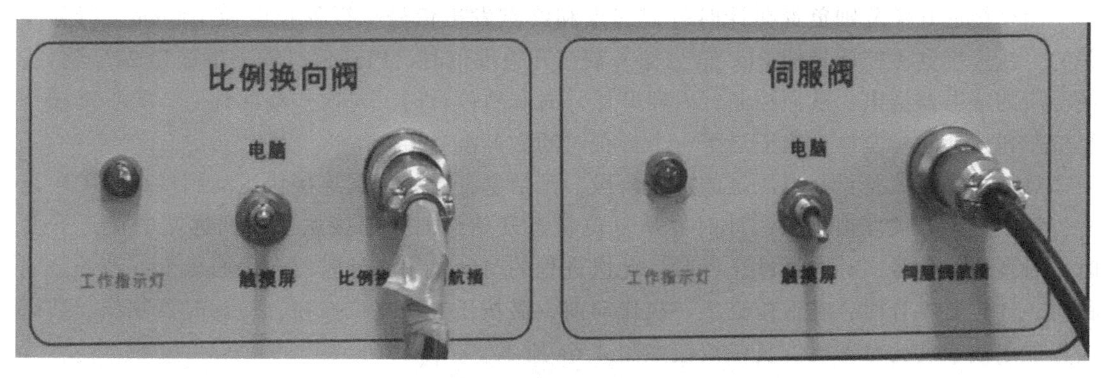

c) 比例换向阀及伺服阀的控制切换开关

图 4.5　触摸屏控制（续）

本实验不用触摸屏，只利用计算机实现电液伺服阀或者电液比例换向阀的控制。

2. 测速装置

虽然伺服缸里集成了位移传感器，但是配套的测控软件并没有将位移信号转换为速度信号的功能，所以还需要单独配备简单的测速装置：一对接近开关和一台计时器，如图 4.6 所示。

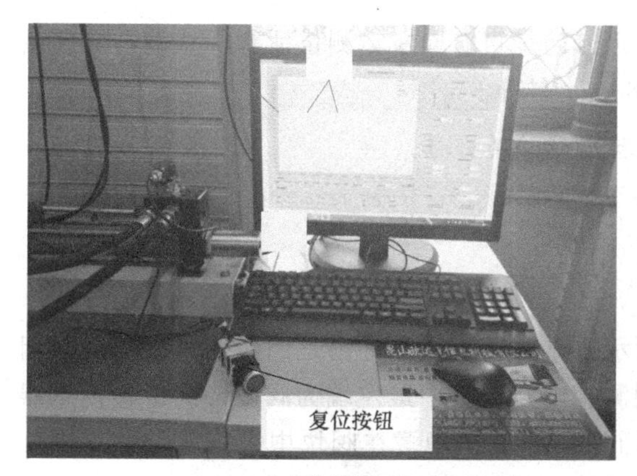

a) 复位按钮

b) 计时器

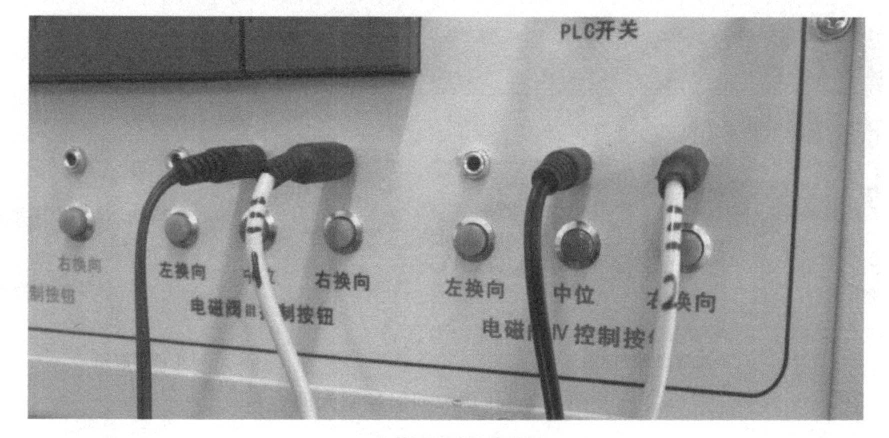

c) 接近开关的信号插口

图 4.6　计时装置

两个接近开关分别负责在计时行程起点和终点发出信号，行程长度为100mm。行程开关的引线连接到测控面板的PLC信号输入端，开关发信时，PLC信号输出端输出24V信号，使相应的继电器通电，从而控制计时器开始计时和暂停计时。每次作动回程后，要手动操作复位按钮使计时器复位，为记录下一个行程时间做好准备。

具体工作方式是：在液压缸的进程阶段，其活塞杆端的金属连接块运动到接近开关附近时，触发接近开关发出信号，计时器从复位状态开始计时；连接块运动到远端的接近开关时，触发暂停信号，计时器停止计时，此次进程的时间显示在计时器数码面板上。液压缸回程时，计时器不计时，在液压缸下一次作动前，需按压一次复位按钮，使计时器复位，数码面板显示数字均为0即可。复位按钮如图4.6a所示。

计时器显示8位数字，如图4.6b所示。上面一排的前两位数字为小时，范围是0~99；后两位数字为分钟，范围是0~59；下一排的四位数字为秒，范围是0~59.99。

这套装置只能测量平均速度：

$$\bar{v}=\frac{100\text{mm}}{t}$$

式中 t——计时器记录的行程时间，换算为秒。

3. 位移信号

位移传感器内置于伺服液压缸，其默认的正方向是自右向左，测量活塞杆从最右侧到最左侧的位移值，液压缸的实际最大行程约为180mm左右。

⚠ 有关测控装置的其他内容，请参看实验二的相关部分。

4.4.3 液压回路操作

1. 电液比例换向阀和电液伺服阀

电液比例换向阀和电液伺服阀如图4.7所示，这两种控制元件都是四通阀，比例换向阀的外观与电磁换向阀相似，两端有引线连接到测控电路，其中最左端为阀内部的位移传感器引线，其余两条为比例电磁铁引线。电液伺服阀的A、B口隐藏在阀块中，只能见到其中之一用硬管引出连接到伺服液压缸左端的有杆腔入口，阀的控制引线只有一条。

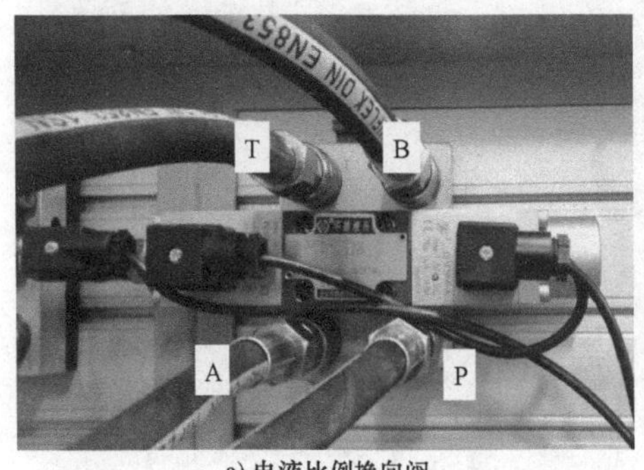

a) 电液比例换向阀

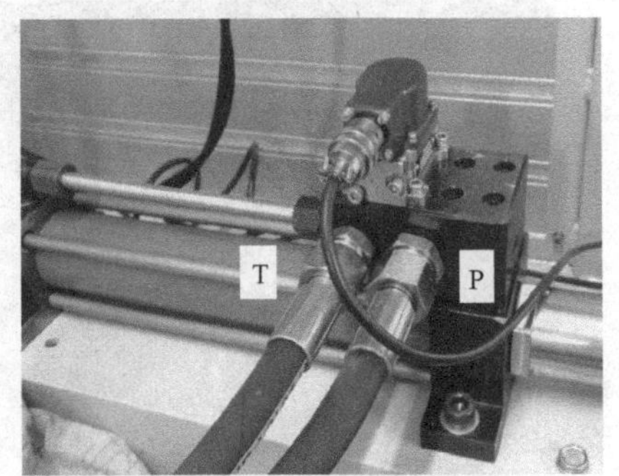

b) 电液伺服阀

图4.7 比例和伺服控制元件

2. 管路操作

本实验中的管路操作主要是电液伺服驱动装置与电液比例驱动装置的切换，采用四个截止阀来实现，如图 4.8 所示。

其中，B1 和 B2 截止，S1 和 S2 导通时，实验回路为电液伺服驱动系统；B1 和 B2 导通，S1 和 S2 截止时，为电液比例驱动系统。

当截止阀处于截止状态时，套上操作手柄并逆时针旋转 90°，即可令截止阀导通；反之，当截止阀处于导通状态时，套上操作手柄并顺时针旋转 90°即可令阀截止。

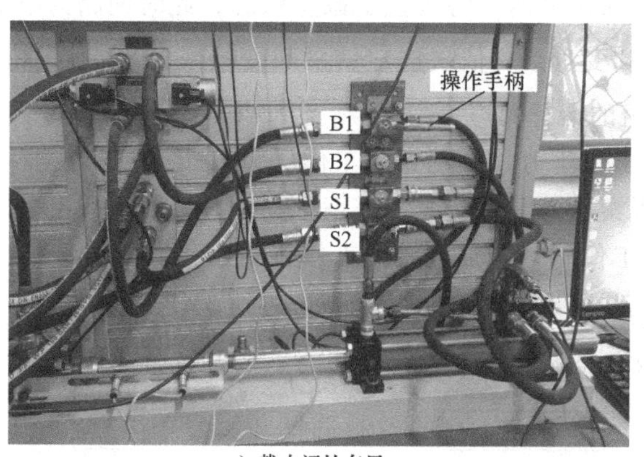

a) 截止阀的布局

b) 截止阀的截止和导通状态

图 4.8　截止阀

⚠ 有关管路操作的其他内容，请参看实验二的相关部分。

4.5　实验操作

4.5.1　系统初始化

1）首先将回路置于初始状态，使安全阀 5、22 的调压手柄逆时针旋转到 0 位，设置压力为最低，此时应感觉到转动阻力很小，保证液压泵能够空载起动。

2）向上扳动断路器手柄置于导通状态。

3）启动计算机。

4.5.2 实验过程

系统起动正常后，可进行如下正式实验。

1. 项目一 电液比例位置系统阶跃响应实验

1）回路切换。逆时针转动截止阀 B1 和 B2 的操作手柄，将阀置于导通状态；顺时针转动截止阀 S1 和 S2 的操作手柄，将阀置于截止状态，此时回路为电液比例驱动系统。

2）起动定量泵和变量泵。依次按定量泵和变量泵的启动按钮，泵运行指示灯亮，此时可听到电动机-泵组的运行噪声。

3）调定定量泵工作压力（驱动系统工作压力）。目视压力表 6，顺时针缓慢旋转定量泵安全阀调压手柄，观察压力上升状况，直至达到 5MPa 为止。

4）调定变量泵工作压力（加载系统工作压力）。目视压力表 17，顺时针缓慢旋转变量泵安全阀调压手柄，观察压力上升状况，直至达到 3MPa（或稍大）为止。

⚠为保证电液伺服阀能正常使用，压力一般应不低于 5MPa。

5）将测控面板上比例换向阀的控制选择开关置于电脑，将伺服阀的控制选择开关置于触摸屏。

6）启动测控软件。在计算机桌面双击电液比例测控软件，进入开始界面。

7）单击液压测控系统，进入实时测控界面。

8）选择信号波形为 0，信号幅值设置为 0V。

9）选择控制方式。选择测控对象为比例/伺服阀，勾选反作用，使之处于正作用状态，勾选开环控制，使之转变为闭环控制，勾选PID，采用 PID 控制方式，PID 参数默认值为 P—40，I—25，D—0。

⚠如果系统运行状态不好，比如出现持续振荡，或响应过慢，可适当调整 PID 参数。

10）设置死区。死区点 1设置为-1.10V，死区点 2设置为 0.1V，如果效果不好，可适当调整这两个数值。

11）设置数据存储。缺省为滤波、记录数据不变，采样周期设置为 20ms，存储路径文件名缺省为“d:\ 溢流阀特性”，不必更改。

12）设置中间位置。位移控制设置为 100mm。

13）依次单击开始采集、替换全部，测控系统进入工作模式，此时活塞杆开始移动。

14）选择示波器 Y 轴参数为位移 L，Y 轴最大值设置为 220mm，Y 轴最小值设置为 0，此时示波器上位移曲线显示在纵坐标为 100mm 的位置附近。

⚠如果位移曲线偏离 100mm 较多，则应调整死区点 1和死区点 2的数值，使之基本等于 100mm。

接着进行闭环控制阶跃实验。待位移数值稳定后，进行以下步骤操作。

15）将位移控制设置为 150mm，回车，观察位移变化至稳定为止。

16）将位移控制设置为 50mm，回车，观察位移变化至稳定为止。

17）将位移控制设置为 150mm，回车，观察位移变化至稳定为止。

18）将位移控制设置为 100mm，回车，观察位移变化至稳定为止。

⚠如果位移曲线偏离给定值较多，则应调整死区点 1和死区点 2的数值，使之基本等于给定值，不过上述四个步骤必须使用相同的死区点设置。

比例位置系统阶跃响应实验的界面如图 4.9 所示。

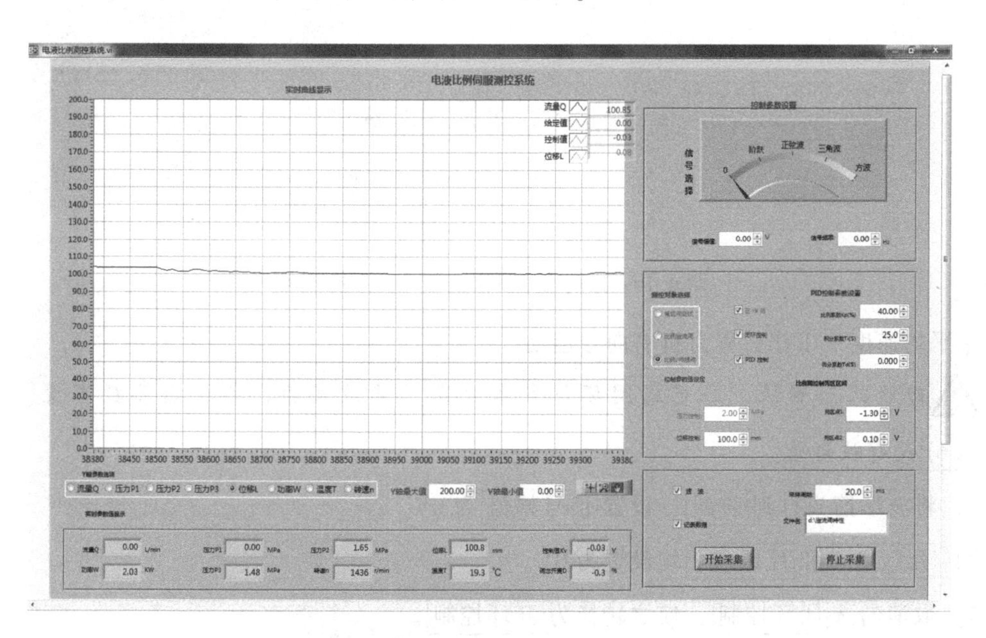

图 4.9　比例位置系统阶跃响应实验界面

2. 项目二　电液比例位置系统正弦响应实验

⚠初始状态确认：已完成阶跃响应实验，各状态参数不变。

1）波形信号幅值设置为 3V，信号频率设置为 0.1Hz，观察位移曲线是否保持在 100mm 位置，如果明显变化，适当调节位移控制数值，使曲线恢复到 100mm 位置。

2）将波形箭头打到正弦波，观察位移变化情况。

3）依次将信号频率设置为 0.1Hz、0.2Hz、0.3Hz、0.4Hz、0.5Hz，观察位移变化情况及波形情况。

⚠对于本电液比例驱动系统，往往会出现正弦波响应的平均值偏离预设值 100mm 的情况，而且偏离比较严重。

比例位置系统正弦响应实验的界面如图 4.10 所示。

***3. 项目三　电液比例系统静态开环实验**

该实验为开环控制，输入比例阀控制信号，得到相应的输出速度，采用接近开关和计时

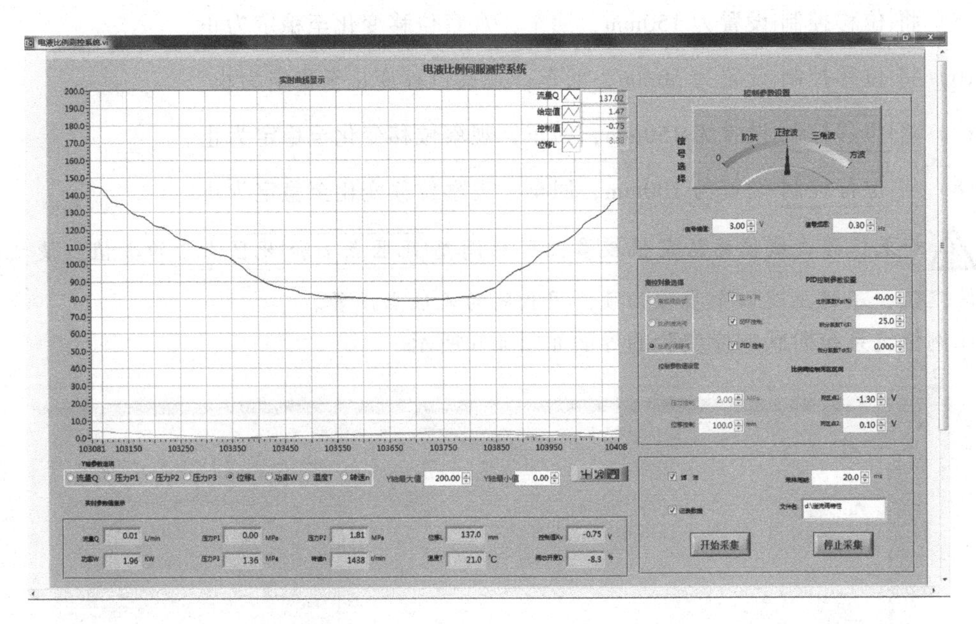

图 4.10 比例位置系统正弦响应实验界面

器测量平均速度。工作行程为自右向左运动。

⚠初始状态确认：已完成闭环位置系统正弦响应实验，各状态参数不变，此时 PID 控制 没有被勾选。

1）将波形箭头打到 阶跃 ，设置 信号幅值 为 0V。

2） 死区点 1 和 死区点 2 均设置为 0V。

3）取消勾选 闭环控制 ，使之转换为 开环控制 。

4）将 信号幅值 设置为 3V，勾选或取消勾选 正作用 或 反作用 ，使活塞杆运动，并退回到最右侧位置。

⚠ 正作用 状态，活塞杆自右向左运动，为工作行程； 反作用 状态，活塞杆自左向右运动，为回程。

⚠观察示波器右上角的 给定值 和 控制值 是否与 信号幅值 的设置值一致，如果不一致（往往差别很大），请按 停止采集 ，勾选 开环控制 ，使之转变为 闭环控制 ，并将 位移控制 设置为 100mm，然后按 开始采集 ，数秒后，单击 停止采集 ，退出程序，重新启动软件，单击 开始采集 ，转到步骤 1 继续进行实验。

5）按压一下复位按钮，使计时器清零。

6）将 信号幅值 设置为 5V。

7）勾选为 正作用 ，工作行程开始，观察活塞杆运动情况。

8）待工作行程结束，记录行程时间。勾选 反作用 ，活塞杆退回，按压复位按钮，令计时器清零。

9）分别将信号幅值设置为 4V、3V、2V、1V、0.8V、0.6V、0.5V、0.4V、0.3V、0.2V 和 0.15V，重复步骤 7 和 8，记录行程时间。

比例系统静态开环实验的界面如图 4.11 所示。

⚠ 随着实验装置开机时间的延长，油温上升，比例伺服机构的特性可能会发生变化，上述测试点可能需要根据实际情况作出调整：如果在某些信号幅值范围内速度变化较大，则需要补充一些测试点，使曲线圆滑过渡。

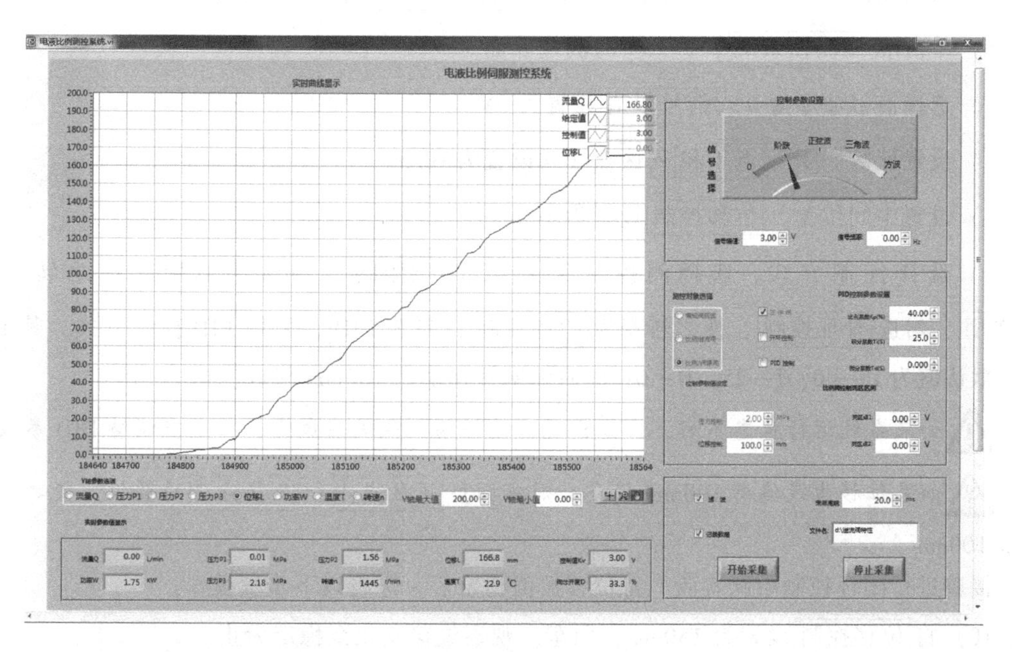

图 4.11　比例系统静态开环实验界面

4. 系统停车及数据处理

⚠ 初始状态确认：已完成比例系统静态开环实验，各参数不变。

1）恢复初始状态。将波形选择箭头置于 0 位，将信号幅值设置为 0V。

2）停泵。依次逆时针缓慢旋转定量泵和变量泵的安全阀手柄，将其压力调至最低，按两台泵的停止按钮，停泵。

3）按停止采集，退出测控界面，进入开始界面。

4）单击数据信号分析，进入数据显示界面。

5）单击读取数据，选择默认的存储文件“d：\ 溢流阀特性 . txt”，单击确定。

6）示波器 Y 轴参数选位移 L，X 轴参数选时间 t，将看到所存储的全部波形。

7）采用显示操作工具，依次局部放大所存储的阶跃响应曲线、正弦响应曲线，分别拍照记录；对于项目三的静态开环实验曲线，选一条曲线拍照记录即可。

电液比例系统实验结束。

5. 项目四　电液伺服位置系统阶跃响应实验

1）回路切换。顺时针转动截止阀 B1 和 B2 的操作手柄，将阀置于截止状态；逆时针转动截止阀 S1 和 S2 的操作手柄，将阀置于导通状态，此时回路为电液伺服驱动系统。

2）调定驱动系统压力。顺时针缓慢旋转定量泵安全阀手柄，调节驱动系统工作压力至 5MPa。

3）调定加载系统压力。顺时针缓慢旋转变量泵安全阀手柄，调节加载系统工作压力至 3MPa。

4）启动测控软件。在计算机桌面双击[电液比例测控软件]，进入开始界面。

5）单击[液压测控系统]，进入实时测控界面。

6）选择信号波形为 0，[信号幅值]设置为 0V。

7）设置死区。[死区点 1]和[死区点 2]均设置为-0.5V。

8）设置中间位置。[位移控制]设置为 100mm。

9）选择控制方式。选择测控对象为[比例/伺服阀]，勾选[反作用]，使之转变为[正作用]，勾选[开环控制]，使之转变为[闭环控制]，勾选[PID]，采用 PID 控制方式，其 PID 参数默认值为 P—40，I—25，D—0；此时活塞杆移动到 100mm 附近。

⚠如果系统运行状态不好，比如出现持续振荡，或响应过慢，可适当调整 PID 参数。

⚠如果位移曲线偏离 100mm 较多，则应调整[死区点 1]和[死区点 2]的数值，使之基本等于 100mm。

接着进行闭环控制阶跃实验。待位移数值稳定后，进行以下步骤操作。

10）将[位移控制]设置为 150mm，回车，观察位移变化至稳定为止。

11）将[位移控制]设置为 50mm，回车，观察位移变化至稳定为止。

12）将[位移控制]设置为 150mm，回车，观察位移变化至稳定为止。

13）将[位移控制]设置为 100mm，回车，观察位移变化至稳定为止。

该项目实验的测控系统界面如图 4.12 所示。

6. 项目五　电液伺服位置系统正弦响应实验

⚠初始状态确认：已完成阶跃响应实验，各状态参数不变。

1）波形[信号幅值]设置为 3V，[信号频率]设置为 0.1Hz，观察位移曲线是否保持在 100mm 位置，如果明显变化，适当调节[位移控制]数值，使曲线恢复到 100mm 位置。

2）将波形箭头打到[正弦波]，观察位移变化情况。

3）依次将[信号频率]设置为 0.1Hz、0.2Hz、0.3Hz、…、0.9Hz、1.0Hz，观察位移变化情况和波形情况。

该实验的测控系统界面如图 4.13 所示。

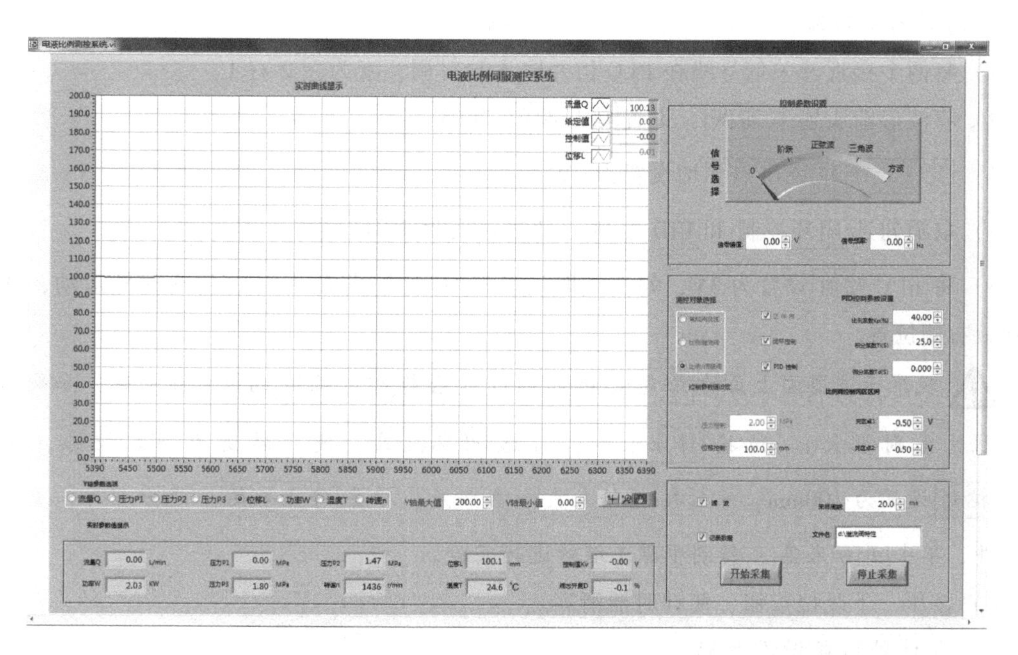

图 4.12　伺服系统阶跃响应实验界面

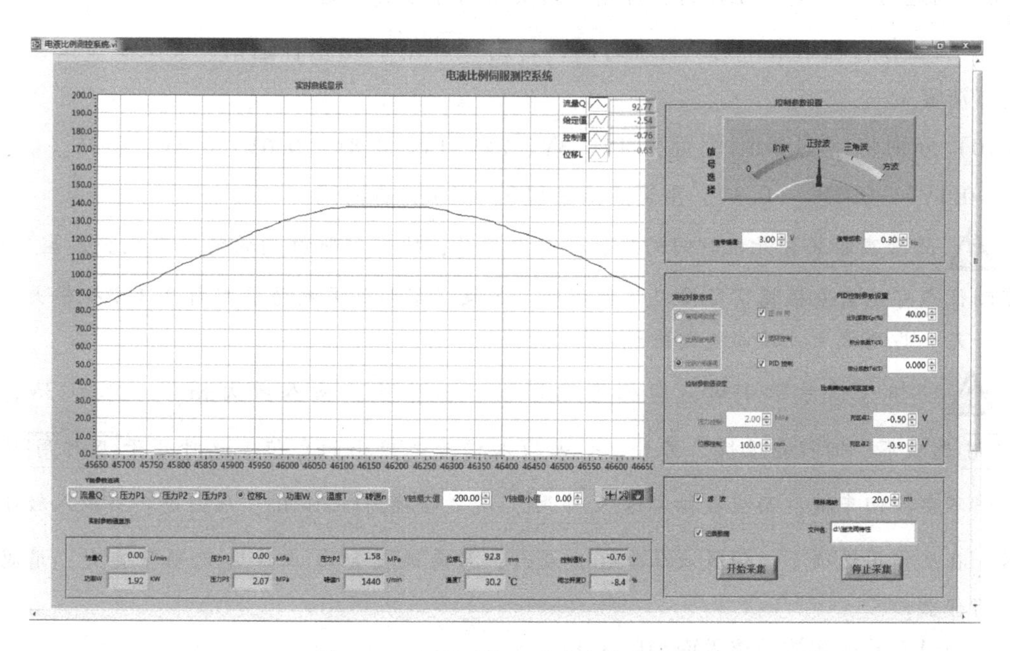

图 4.13　伺服系统正弦响应实验界面

*7. 项目六　电液伺服系统静态开环实验

该实验为开环控制，输入伺服阀控制信号，得到相应的输出速度，采用接近开关和计时器测量平均速度。工作行程为自右向左方向运动。

⚠初始状态确认：已完成闭环位置系统正弦响应实验，各状态参数不变，此时

PID 控制没有被勾选。

1）将两个接近开关信号线在 PLC 信号输入端对调，变为左 2 右 1。

2）将波形箭头置于阶跃，设置信号幅值为 0V。

3）死区点 1和死区点 2均设置为 0V。

4）取消勾选闭环控制和PID 控制，使之转换为开环控制。

5）将信号幅值设置为 3V，勾选或取消勾选正作用或反作用，使活塞杆运动，并退回到最右侧位置。

⚠观察示波器右上角的给定值和控制值是否与信号幅值的设置值一致，如果不一致（往往差别很大），请按停止采集，勾选开环控制，使之转变为闭环控制，并将位移控制设置为 100mm，然后按开始采集，数秒后，单击停止采集，退出程序，重新启动软件，单击开始采集，转到步骤 1 继续进行实验。

6）按压一下复位按钮，使计时器清零。

7）将信号幅值设置为 5V。

8）勾选为正作用，工作行程开始，观察活塞杆运动情况。

9）待工作行程结束，记录行程时间，勾选反作用，活塞杆退回，按压复位按钮，令计时器清零。

10）分别将信号幅值设置为 4V、3V、2V、1V、0.8V、0.6V、0.4V、0.2V、0.1V、0V、-0.1V、-0.2V、-0.3V，重复步骤 8 和 9，记录行程时间。

⚠随着实验装置开机时间的延长，油温上升，比例伺服机构的特性可能会发生变化，上述测试点可能需要根据实际情况作出调整：如果在某些信号幅值范围内速度变化较大，则需要补充一些测试点，使曲线圆滑过渡。

⚠当输入信号很小时，回程可能很慢，此时可以输入较大幅值，比如 3V，在反作用选项下，回程会很快。另外，如果输入信号是较小的负值，此时处于反作用选项下，请不要按回车键，而应直接勾选反作用，使之转换为正作用，原因是：当输入较小负值时，在反作用选项下，伺服液压缸也会左行，只是速度会比正作用选项下更大，请思考一下为什么？

该项目实验的测控系统界面如图 4.14 所示。

8. 系统停车及数据处理

⚠初始状态确认：已完成伺服系统静态开环实验，各参数不变。

1）恢复初始状态。将波形选择箭头置于 0 位，将信号幅值设置为 0V。

2）停泵。逆时针缓慢旋转定量泵和变量泵安全阀手柄，将其压力调至最低，按两台泵的停止按钮，停泵。

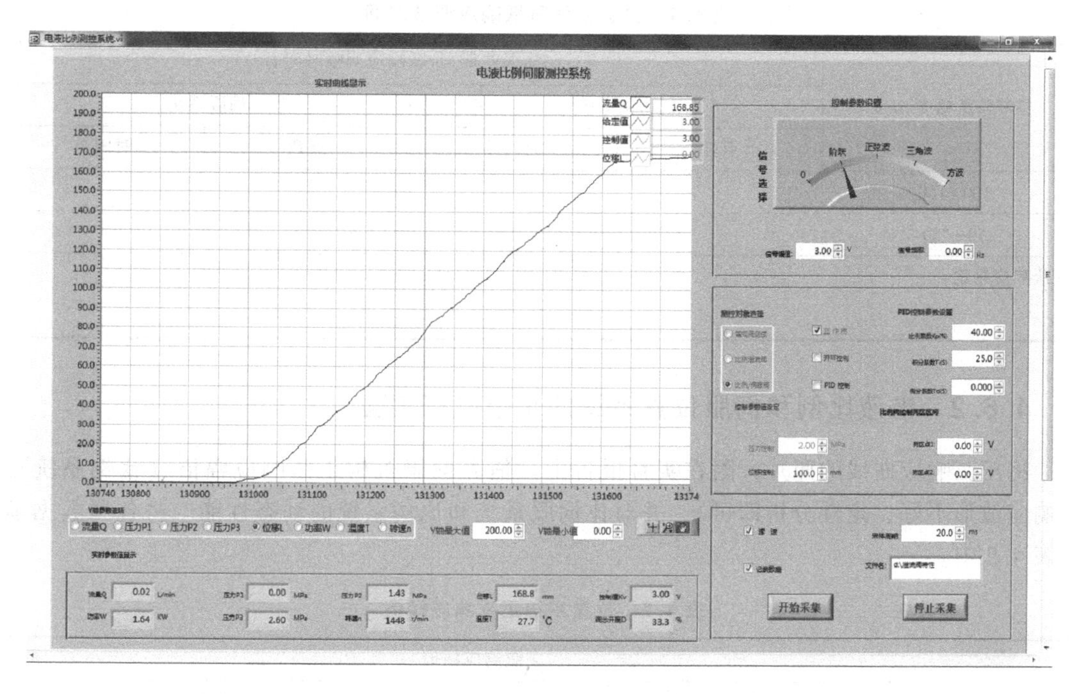

图 4.14　伺服系统静态开环实验界面

3）按[停止采集]，退出测控界面，进入开始界面。

4）单击[数据信号分析]，进入数据显示界面。

5）单击[读取数据]，选择默认的存储文件“d：\ 溢流阀特性 . txt”，单击[确定]。

6）示波器 Y 轴参数选[位移 L]，X 轴参数选[时间 t]，将看到所存储的全部曲线波形。

7）采用显示操作工具，依次局部放大所存储的阶跃响应曲线、正弦响应曲线，分别拍照记录；对于静态开环实验曲线，选一条曲线拍照记录即可。

电液伺服系统实验结束。

4.6　数据处理及实验报告

本实验的基本数据列举如下。

1）驱动系统液压源压力为 5MPa。

2）加载系统液压源压力为 3MPa。

3）静态开环实验记录行程为 100mm。

4）液压缸的活塞直径为 40mm，活塞杆直径为 25mm。

4.6.1　电液比例和伺服位置系统的阶跃响应实验

将阶跃响应曲线的照片，附在实验报告上。估算阶跃响应调节时间，并对比伺服系统和比例系统的阶跃响应动态性能。将各项数据和对比分析结果填入表 4.1 中。

表 4.1　位置系统阶跃响应调节时间

位移阶跃幅度/mm	(5%误差带)阶跃响应调整时间 t_s			
	比例系统		伺服系统	
	点数	时间/s	点数	时间/s
100~150				
50~150				

阶跃响应结论：

4.6.2　电液比例和伺服位置系统的正弦响应实验

将正弦响应曲线的照片，附在实验报告上。估算伺服机构正弦响应幅值（比例系统正弦响应波形不好，定性分析即可），并对比伺服系统和比例系统的动态性能。将各项数据填入表 4.2 中。

表 4.2　位置系统正弦响应幅值

频率/Hz	正弦响应幅值					
	比例系统			伺服系统		
	绝对值/mm	相对值	平均值偏离/mm	绝对值/mm	相对值	平均值偏离/mm
0.1		1			1	
0.2						
0.3						
0.4						
0.5						
0.6						
0.7						
0.8						
0.9						
1.0						

正弦响应结论：

说明：相对值的计算方法是以各频率下的幅值除以实际频率为 0.1Hz 时的幅值，即 0.1Hz 时的相对值为 1。

4.6.3　电液比例和伺服系统的静态开环实验

1）将每个控制信号对应的各项数据填入表 4.3 和表 4.4。

2）以控制信号为横坐标，速度为纵坐标画出速度-控制信号曲线，并分析输出速度与控制信号的关系。

3）将其中一条静态实验的位移-时间曲线照片贴在实验报告上，分析速度均匀性。

表 4.3　比例系统静态开环实验数据

控制信号/V		时间/s	平均速度/(mm/s)	备　注
预设值	调整值			
5				
4				
3				
2				
1				
0.8				
0.6				
0.5				
0.4				
0.3				
0.2				
0.15				

表 4.4　伺服系统静态开环实验数据

控制信号/V		时间/s	平均速度/(mm/s)	备　注
预设值	调整值			
5				
4				
3				
2.5				
2				
1.5				
1				
0.8				
0.6				
0.4				
0.2				
0.1				
0				
-0.1				
-0.2				
-0.3				

4.6.4 思考题

1）简单描述对电液比例和伺服系统的认识，比较二者的性能差别。

*2）在比例和伺服系统静态开环实验中，当控制信号不断增大，超过某一个值后，为什么输出速度基本不变？

实验五

气动自动化系统实现实验

5.1 概述

气压传动系统应用十分普遍，尤其适用于负载力不大、精度要求不太高的场合，可采用继电器、可编程控制器（PLC）等自动化控制元件配合行程开关方便地实现逻辑控制的气压传动自动化系统，本实验即以此为主要内容，设置了以下五个项目。

1）二级压力回路实现。

2）气缸速度调定。

3）延时回路实现。

4）循环计数回路实现。

5）三气缸顺序动作自动循环系统实现。

5.2 实验目的

本实验为系统实现型实验，培养动手操作能力，主要目的有如下几点。

1）学会使用常规气动元件，对气动技术增加感性认识。

2）学会压力调节和速度调节。

3）学会使用气动自动化控制元件，包括继电器、PLC、计数器、接近开关等。

4）学会气动逻辑控制系统的一般实现方法。

5.3 实验原理

5.3.1 自动控制相关概念

1）自动控制。自动控制是相对于手动控制而言的，指在没有人直接参与的情况下，利用外加的设备或装置，使机器、设备或生产过程的某个（某些）工作状态或参数自动地按照预定的规律运行。简单地说，控制过程能自动执行，不需要人直接参与的就是自动控制。

2）顺序控制。以前一步动作的完成作为信号，从而启动后一步动作的程序控制方式。这种控制方式的被控量是开关量，因而属于开关控制方式。

3）条件控制。以某一个或某几个动作所产生的综合结果作为信号来启动下一步动作

（而无论前面的一个或几个动作是在执行过程中还是已经执行结束）的程序控制方式。

4）时序控制。以时间为顺序来决定每一步动作的运行或停止的程序控制方式。

5）逻辑控制。逻辑控制是指在对生产过程运行状态检测的基础上，依据预先编制好的操作规则，对输入状态进行逻辑运算，如计数、定时、对某些变化参量进行判断等，然后根据这些结果作出控制决策，控制执行机构协调动作，完成以开关量控制为主的生产过程的自动控制。

6）可编程控制。其操作规则，即控制程序，是用软件技术的方式存储在可编程控制器的存储器中的，用户可以依据需要方便地改写控制程序。

7）基于继电器的传统开关控制。在 PLC 出现以前，对于开关量的控制往往采用继电器和接触器来完成，除常规继电器外，还包括时间继电器（延时继电器）和计数器等，能实现时间控制和计数控制。这种控制方式可称为开关控制或逻辑控制，能够实现一些较为简单的顺序控制、逻辑控制（如互锁）功能。这种逻辑控制采用硬件实现，所以也称为硬逻辑控制。

8）基于 PLC 的逻辑控制及连续控制。早期 PLC 的功能主要是替代传统继电器控制系统，通过软件编程来实现各种顺序控制、逻辑控制、时序控制和计数控制等功能，能够实现较为复杂的逻辑过程（与、或、非等），大大提高了可靠性。这种方式中，各种逻辑都是依靠软件来实现的，因而也可称为软逻辑控制。后来，PLC 的功能不断增强，增加了模拟量模块，可以实现更为复杂的运算和连续控制功能。

9）过程控制。指连续生产过程的自动控制，简称过程控制。过程控制通常针对慢变系统而言，一般应用于石化、冶金、电力、轻工、建材、制药等行业。过程控制的被控量可以是开关量，也可以是模拟量，如对水箱的液位控制，通常采用液位开关来实现，为开关量控制；温度控制系统通常采用温度传感器来实现，为模拟量控制。过程控制系统通常为定值控制系统，以流体为介质的系统居多。

10）运动控制。运动控制通常是针对以电动机为被控对象的自动控制系统而言的，因而也常称为电力拖动控制，它可以控制速度（转速）、位移（转角）乃至力（力矩）等物理量。区别于过程控制，运动控制的被控量一般为模拟量，控制过程为快变过程，对于动态性能要求很高的系统，往往采用伺服控制技术。电动机控制系统主要以电力电子功率变换元件为功率放大和控制元件。

5.3.2 可编程控制器的功能

国际电工委员会（IEC）于 1987 年颁布了可编程控制器标准草案第三稿，在草案中对可编程控制器定义如下：可编程控制器是一种数字运算操作的电子系统，专为在工业环境下应用而设计；它采用可编程序的存储器，用来在其内部存储执行逻辑运算、顺序控制、定时、计数和算术运算等操作的指令，并通过数字式和模拟式的输入和输出，控制各种类型的机械或生产过程。可编程控制器及其有关外围设备，都应按易于与工业系统连成一个整体，易于扩充其功能的原则设计。

PLC 的基本功能包括以下十项。

1）逻辑控制功能。取代传统继电器，实现逻辑控制、顺序控制。

2）定时控制功能。内置定时器，取代传统时间继电器。

3）计数控制功能。内置多个计数器，取代常规计数器，当记录数据达到设置值时，实现状态输出。

4）步进控制功能。

5）数据处理功能。可以实现算术运算、数据比较、数据传送、数据移位、数制转换、译码编码等操作。中、大型 PLC 数据处理功能更加齐全，可完成开方、PID 运算、浮点运算等操作，还可以和 CRT 显示器、打印机相连，实现程序、数据的显示和打印。

6）回路控制功能。

7）通信联网功能。

8）监控功能。利用编程器或监视器，操作人员可以对 PLC 有关部分的运行状态进行监视。

9）停电记忆功能。PLC 内部的部分存储器所使用的 RAM 设置了停电保持器件（备用电池等），以保证断电后这部分存储器中的信息能够长期保存。利用某些记忆指令，可以对工作状态进行记忆，以保持 PLC 断电后的数据内容不变。PLC 电源恢复后，可以在原工作基础上继续工作。

10）故障诊断功能。PLC 可以对系统构成，某些硬件状态、指令的合法性等进行自诊断，发现异常情况，发出报警并显示错误类型，如属严重错误则自动中止运行。

目前，PLC 的功能已十分强大，不但可以实现对开关量的复杂的逻辑控制，还可以实现对模拟量的连续控制，既能进行开环控制，也能进行闭环控制。

本实验系统采用三菱 FX_{3SA}-20MR 型 PLC，仅具有基本功能，能实现对开关量的逻辑控制；没有配模拟量模块，不能实现模拟量控制功能。输入点数为 12，输出点数为 8，为继电器输出型。

5.3.3　本实验项目的控制功能及分工

本实验项目需要实现三个气缸的顺序动作、延时及循环控制。

控制元件包括如下元件。

1）发信装置包括 5 个行程开关、1 个气电转换开关。其中，5 个行程开关分为 3 类：电感式接近开关 2 个、磁力开关 2 个和气动行程阀 1 个。

2）气动控制元件包括电磁换向阀、气控换向阀。

3）电控元件包括 PLC、普通继电器、延时继电器、计数器。

涉及的具体控制功能及相应的控制元件分工见表 5.1。

表 5.1　具体控制功能及控制元件分工

序号	控 制 功 能	控制元件
1	双电磁铁通电互锁控制	PLC
2	自动复位按钮的自锁功能	
3	分别用启停按钮实现电磁铁通断电	
4	延时动作	延时继电器
5	循环次数控制	计数器
6	常规开关控制及逻辑控制	普通继电器
7	气动控制	行程阀及气控阀

事实上，除气控阀外，以上所有电控元件的功能均可由 PLC 完成。但是为了让同学们能够熟悉各种电控元件的功能及使用方法，本实验均衡应用了上述各种元件。

5.4 实验装置

本实验装置以 TC-QP02 型 PLC 控制双面气动教学综合实验台为基础搭建。该实验台配备了多种气动元件和电气插口，使实验者可自行设计系统并方便地在该实验台上实现。

5.4.1 实验回路

实验回路如图 5.1 所示。

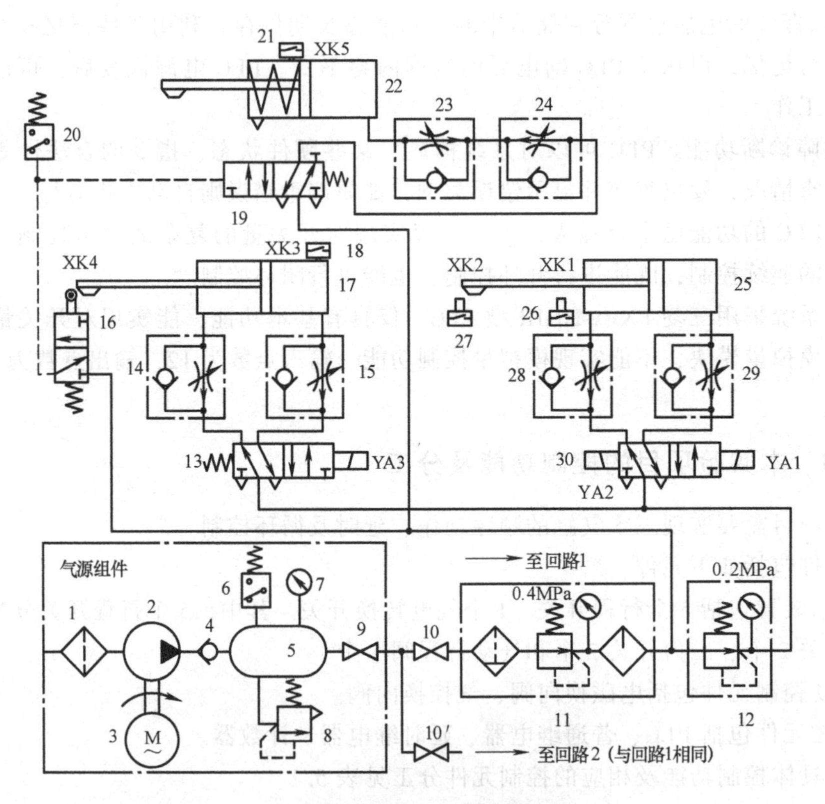

图 5.1 气动自动化系统原理图

1—过滤器 2—空压机 3—电动机 4—单向阀 5—气罐 6—压力继电器 7—压力表 8—安全阀 9—球阀 10、10′—支路球阀 11—气源处理装置（过滤器、减压器、油雾器，配压力表） 12—减压阀（配压力表） 13—二位五通电磁换向阀（单电磁铁） 14、15、23、28、29—单向节流阀（直连气缸） 16—行程阀 17、25—双作用气缸 18、21—磁力开关 19—气控二位五通阀 20—气电转换开关（压力继电器） 22—单作用气缸（弹簧复位） 24—单向节流阀（独立） 26、27—电感式接近开关 30—二位五通电磁换向阀（双电磁铁）

实验装置包括两个完全相同的回路，共用同一套气源组件，两个回路分别通过支路球阀 10 与气源连接。系统含三套作动装置，其执行元件分别为双作用气缸 17、25 和单作用气缸 22。其中，单作用缸的工作压力设定为 0.4MPa，另外两个气缸则设为 0.2MPa，分别由串联的气源处理装置 11 和减压阀 12 设定，气源处理装置 11 在前，减压阀 12 在后，行程阀 16 的工作压力也为 0.4MPa。气缸 22 由气控换向阀 19 控制，其控制信号来自于行程阀 16，双作用气缸 17 由单电磁铁的二位五通电磁换向阀 13 控制，而双作用气缸 25 则由双电磁铁的二位五通电磁换向阀 30 控制。

该回路实现的动作循环如图 5.2 所示，各控制元件和发信元件的动作顺序及工作状态见表 5.2。

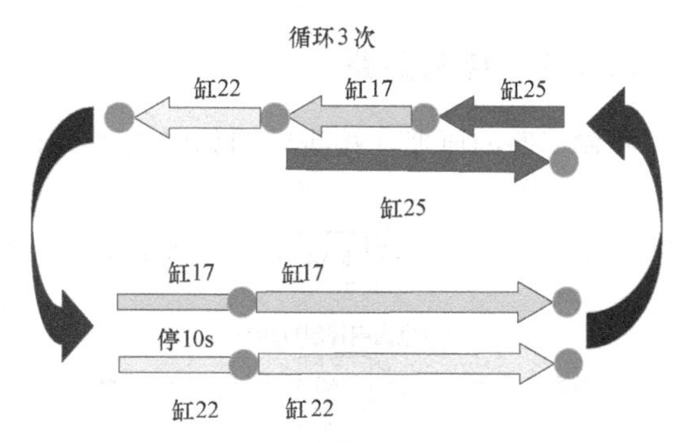

图 5.2 回路动作循环

表 5.2 动作顺序及状态表

	YA1	YA2	YA3	PP	XK1	XK2	XK3	XK4	XK5	KA4	KA5	KA6	KT	CR	SB2	SB20	SB21	SB22
系统起动																	⎍	
非零初态循环起动																⎍		
双作用气缸 25 左行	+	−	−		+−	−	+	−	−		−	+	−	0				
双作用气缸 17 左行	+	−	+		−	+	−	−	−		−	−	−	0				
单作用气缸 22 左行	+	−	+	+	−	+	−	+	−		−	−	−	0				
双作用气缸 25 右行	−	+	+	+	−	−	−	+	+		+	−	ING	1				
停顿 10s	−	+	+	+	−+	−	−	+	+		+	−	ING	1				
双作用气缸 17 和单作用气缸 22 右行	−	+	−	−	+	−	−	−	−		+	−	+	1				
双作用气缸 25 左行	+	−	−	−	+−	−	+	−	−		−	+	−	1				
3 个循环后停止	−	−	−	−	+	−	+	−	−		−	+	−	3				
CR 复位(循环重新起动)															⎍			
系统停止																		⎍

注：+—通电或导通；-—断电或断开；ING—计时进行中；PP—气控状态；KT—延时继电器；CR—计数器记录的循环次数；XK4—行程开关阀输出，同时控制气控阀和压力继电器（气-电转换器）。

初始状态时，三个气缸均处于 0 位（活塞杆缩回到极限位置），系统第一次上电后，按循环起动按钮，循环起动，XK1 导通，YA1 通电，双作用气缸 25 活塞杆左行；至行程终点，XK2 导通，YA3 通电，双作用气缸 17 活塞杆左行；至行程终点，XK4（行程阀）动作，气控换向阀 19 动作，单作用气缸 22 活塞杆左行，同时，YA2 通电，YA1 断电，双作用气缸 25 活塞杆右行；单作用气缸 22 活塞杆至行程终点，XK5 导通，延时继电器起动，并开始计时，达到设定值 10s 时，YA3 断电，双作用气缸 17 及单作用气缸 22 活塞杆先后右行，三个气缸全部回到初始状态，第二个循环起动。

单作用气缸 22 活塞杆左行至终点时，计数器累加 1 次，当计数器累加到设定值即 3 次后，三个气缸再恢复到初始状态，循环自动终止；此时可按计数器复位按钮，循环自动起动，进行第二次循环三次的动作。

按循环停止按钮后，即使计数器复位，循环也不会自动起动。

5.4.2 控制回路

控制回路的原理（接线）图如图 5.3 所示。

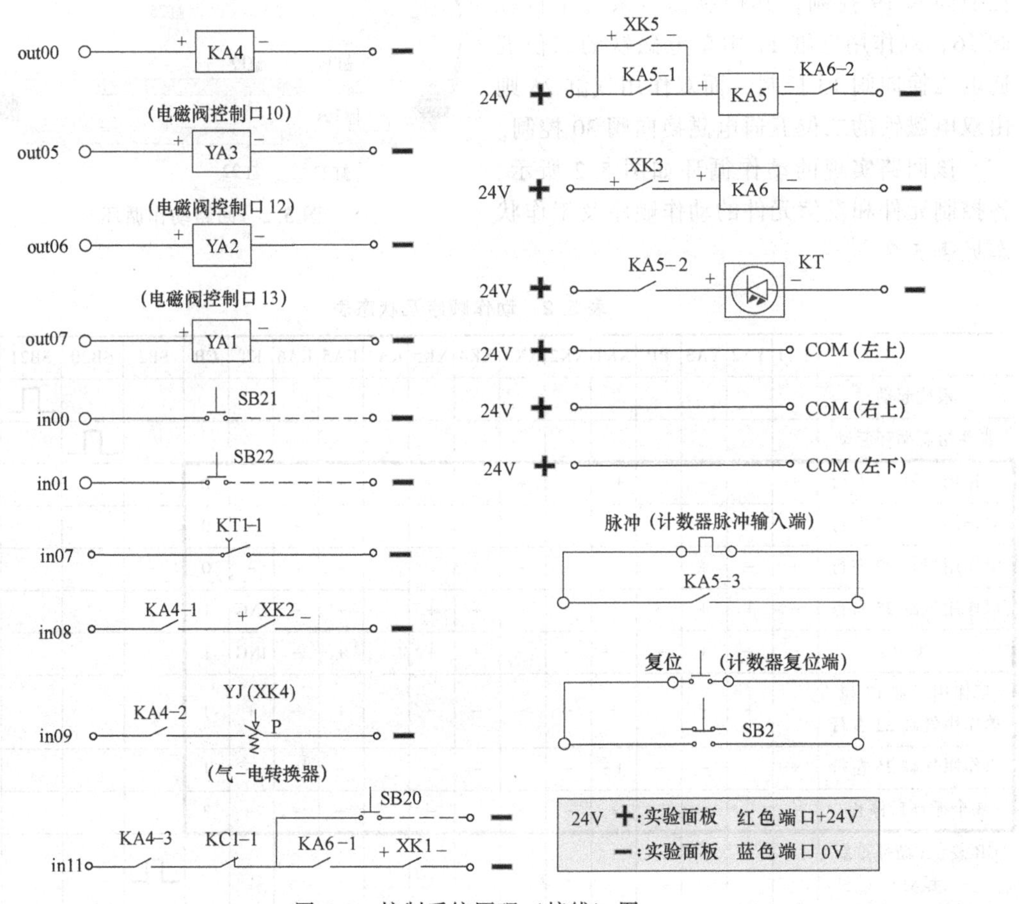

图 5.3 控制系统原理（接线）图

图 5.3 中，In00 至 In11 为 PLC 控制信号输入端，Out00 至 Out07 为 PLC 控制输出端。COM 口为 PLC 的外接电源端口；KA4～KA6 为继电器，YA1～YA3 为电磁阀线圈，其在电气面板上的对应插口已在图中标出，SB20～SB22 为一端接地的按钮，用于手动输入 PLC 的控制信号；XK1～XK3 及 XK5 为行程开关，XK4 为行程开关阀，连接到控制面板上的气电转换器 YJ（面板上的 p 处），KT 为延时继电器；计数器的脉冲输入端，每输入一个开关量（脉冲），计数器累计值加 1，其复位端输入一个开关量（脉冲）时，计数值复位为 0。所有按钮、继电器、延时继电器、计数器、电磁阀线圈接线端等均按实验面板的标号标注。需要确认的是 XK1 至 XK5，要将实物与原理图（图 5.1）相对应，三个电磁铁的标号也要与原理图（图 5.1）相对应。

PLC 输入输出对应表见表 5.3。

根据图 5.3 所示的控制系统原理（接线）图及表 5.3 所示的 PLC 输入输出对应表，了解计数器和延时继电器的输入输出关系（见 5.4.4 小节的第 4、5 条），即可读懂控制系统的工作原理。

表 5.3　PLC 输入输出对应表

输入	输出	输入	输出
In00	Out00 +	In06	Out04 +
In01	Out00 -	In07	Out04 -
	Out01 -		Out05 -
In02	Out01 +	In08	Out05 +
In03	Out02 +	In09	Out06 +
In04	Out02 -	In10	Out06 -
	out03 -		Out07 -
In05	Out03 +	In11	Out07 +

注：表中，“+”表示输入或输出有效，“-”表示输入或输出无效。

实验台如图 5.4 所示，分为控制区、气动区、空压机和 PLC 编程计算机四部分。该实验台的计算机不参与实时测控，仅用于实现 PLC 编程等。一般情况下，不需要对空压机进行操作，因而在实验过程中，主要在气动区和控制区进行各种操作，如搭建气动回路和控制回路。

图 5.4　实验台照片

5.4.3　气动元件及回路操作

1. 认识气动元件

本实验所需要的气动元件如图 5.5 所示。

为提高效率，缩短搭建回路的时间，所有元件都事先安装在了适当位置，如图 5.6 所

图 5.5　气动元（部）件照片

示，搭建回路时尽量不要改变这些位置。尤其需要注意的是与三个气缸相对应的行程开关，应当与原理图及接线图的编号相一致。

图 5.5 和图 5.6 中的手动换向阀只在系统和元件调试过程中使用，不在图 5.1 所示的气动系统中工作。其放大图如图 5.7 所示。在相应的端口附近标出了端口号码，如 P、A、B 等，与阀上所画的职能符号相对应。左右扳动黑色手柄可以使阀换向。

独立的单向节流阀及气缸端口直连的单向节流阀如图 5.8 所示。调节旋钮与调节螺钉（图中未标出）为一体，用于调节节流阀开度。顺时针旋转调节旋钮，可使阀口开度减小，反之增大；调节完毕后可顺时针旋转锁紧螺母至端部，感到有一定力度即可，此时调节旋钮不能转动；再次调节节流阀开度前，应首先逆时针旋转锁紧螺母至一定位置，保证调节螺钉能有一定的位移量。

2. 管件操作

气动回路连接常用的是三通接头和四通接头，如图 5.9 所示。气动管如图 5.10 所示。

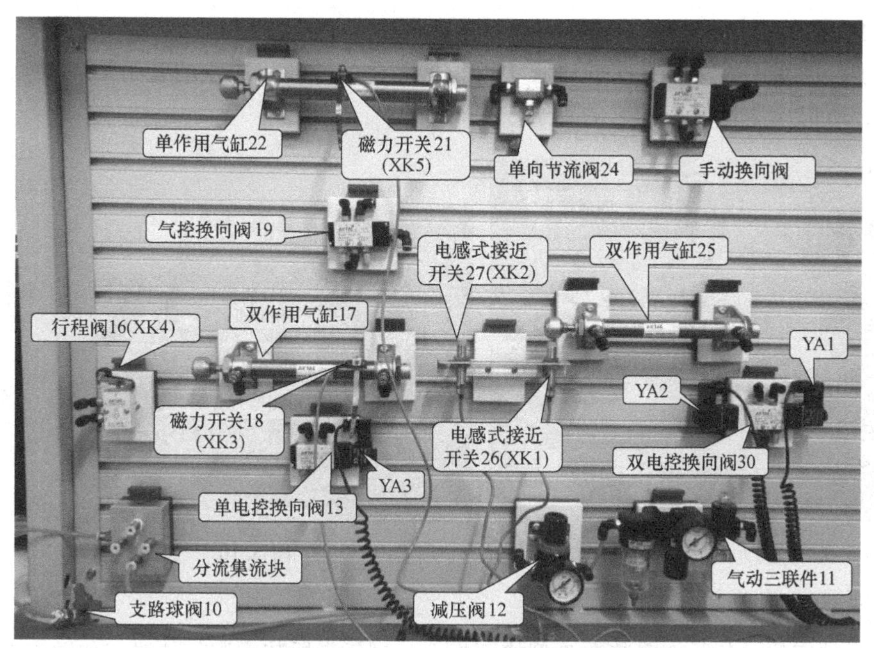

图 5.6　各元件的位置

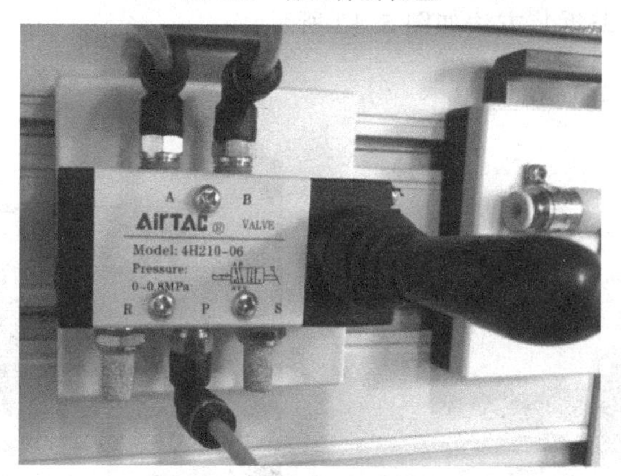

图 5.7　手动换向阀放大图

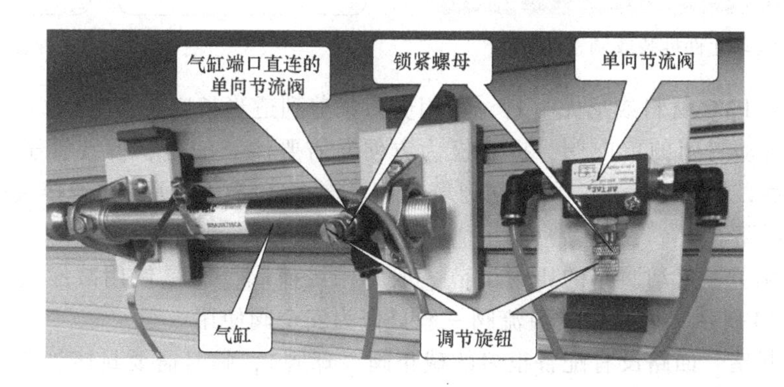

图 5.8　两种节流阀

图 5. 10 所示气动管通径为 4mm，在常规系列中算是比较细的。实验台上应已经有一批备好的管子，如果不够用，在实验过程中可根据需要的长度从成盘的管子中截取。管子可以反复使用，所以应尽量使用备好的管子。

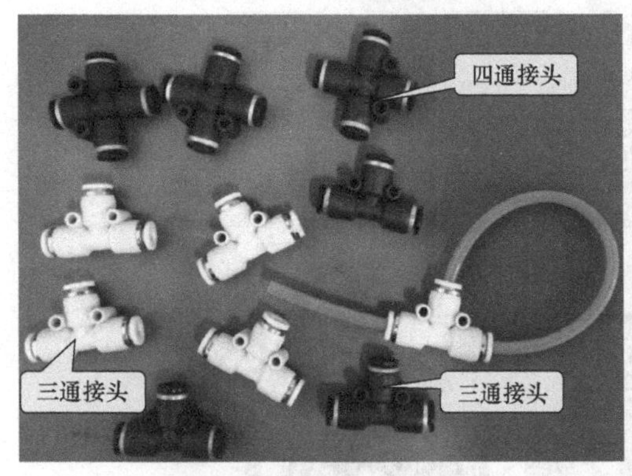

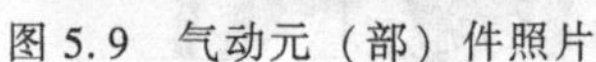

图 5. 9　气动元（部）件照片

图 5. 10　气动管照片

3. 气动回路搭建

（1）元件定位　各元件安装在 T 型槽面板上，可任意拆装或调整位置，如图 5. 11 所示。

（2）管件拆装　管路拆装方法如图 5. 12 所示。

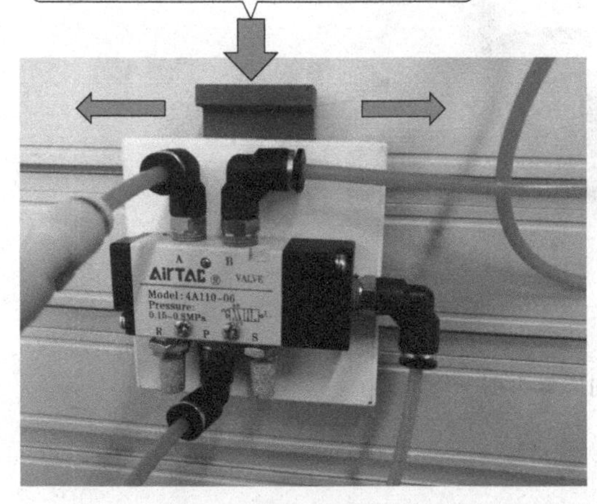

图 5. 11　气动元件拆装或调整位置

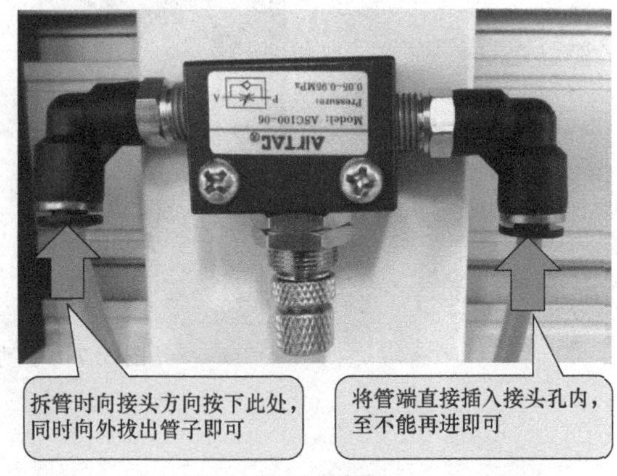

图 5. 12　管路拆装

所用管子为 PVC 材料或尼龙材料，可用剪刀裁剪到适当长度，所有接头均为快速接头，但接头内没有自动封闭的单向阀，拆装极为方便。需要注意的是，拆装管子之前应关闭气源，拔掉管子后，接头会漏气，所以在通气之前，连在气路中的所有快速接头必须连接好管路并形成封闭回路。

（3）压力调节　气动回路的压力调节一般不用溢流阀，而是使用减压阀。减压阀的调压方法如图 5. 13 所示。回路中的溢流阀一般只作为安全阀使用。

（4）气路封堵　回路没有配备很多的截止阀（球阀），临时需要封堵管路时，可采用三通接头来解决，如图 5. 14 所示。

（5）球阀操作　回路中的球阀有支路球阀 10 和空压机球阀 9，其导通和截止状态如图

5.15 所示。顺时针或逆时针旋转手柄即可调整导通和截止状态。

向外拔出黑色旋钮，顺时针旋转压力增加，逆时针压力降低，压力调好后可将旋钮压入，此压力即被锁定

图 5.13　压力调节

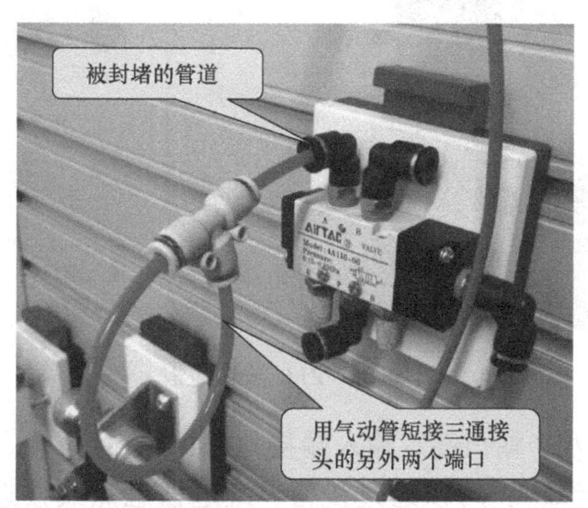

图 5.14　管道封堵

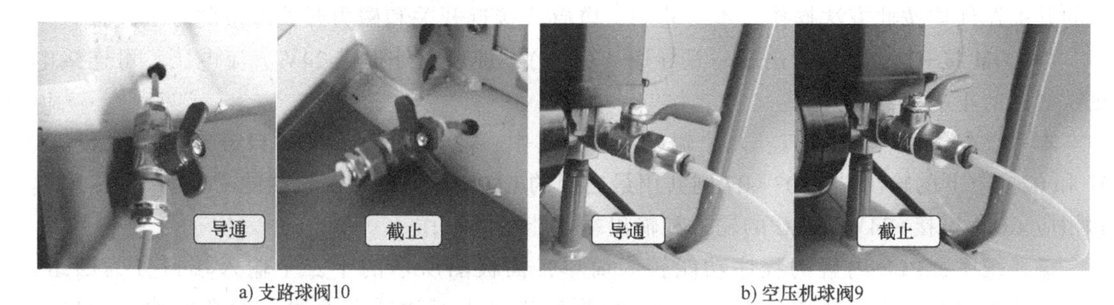

a) 支路球阀10　　b) 空压机球阀9

图 5.15　球阀状态

5.4.4　电气元件及操作方法

实验台的控制面板分为八个分区，如图 5.16 所示。下面分别介绍其功能和操作方法。

1. PLC 操作

PLC 操作面板如图 5.17 所示。

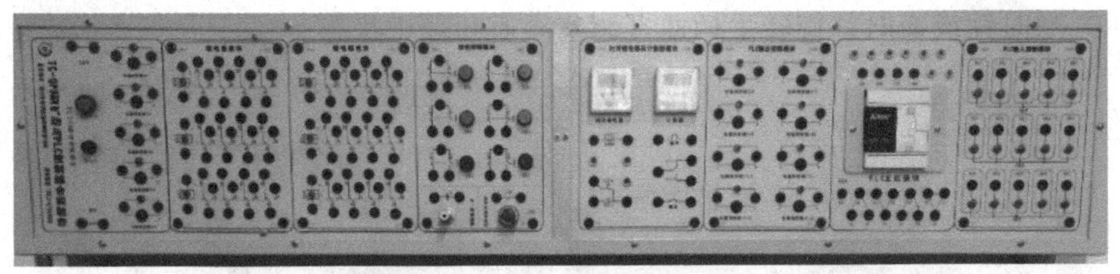

图 5.16　实验台操作面板

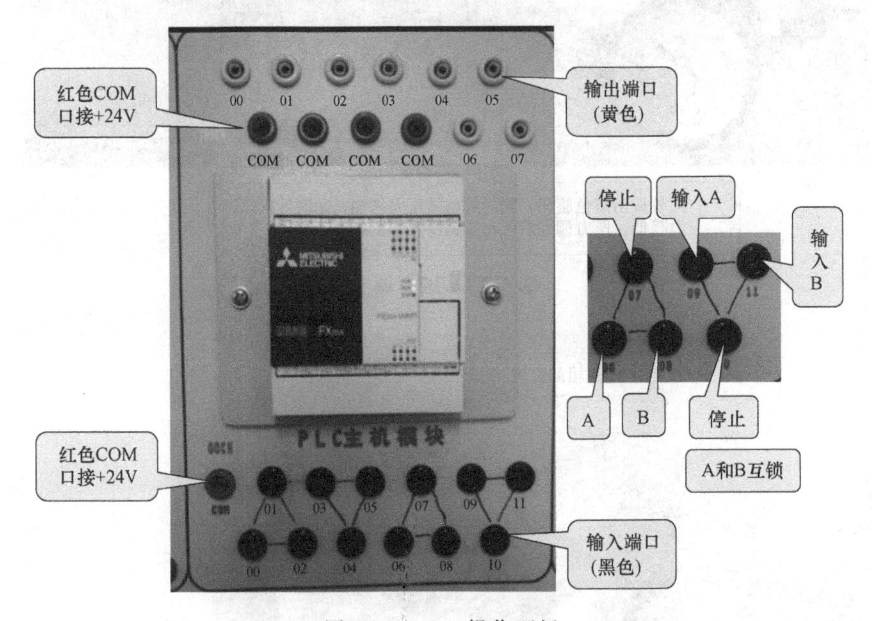

图 5.17　PLC 操作面板

包括十二个输入端和八个输出端。输入端接地（0V）时为输入正（In+，有效），与地断开时为输入负（In-，无效）；可以通过按钮、继电器触点或接近开关接地。当使用接近开关时，应将正端（红色）插头接输入端，负端（蓝色）插头接地。一切需要外接直流电源的开关器件均按此方法操作。本实验中，电感式接近开关和磁力开关即按此方法连接。

当 COM 接+24V 时，输出端一旦导通（Out+），即可向外提供 24V 直流电压，可连接电磁铁线圈的正端（红色）。

本系统配了四个 COM 口，八个输出端口，其中，左数前三个 COM 口分别配输出端 00、01 和 02，余下的输出端口 03~07 则共用最右面的 COM 口。只有输入端的 COM 口和输出端的相应 COM 口接+24V，PLC 的输入和输出端才能正常工作。

该系统中，PLC 内置的程序功能较为简单，面板图所示的十二个输入端口分为四组，每三个输入端为一组，从左至右，每个三角形底边（上底边或下底边）两端的输入端口分别对应输出端 00~07，且二者互锁；三角形顶端的输入端口有效时，对应的两个底边端口均被停止输出。

2. PLC 输入模块操作

PLC 输入控制模块和相应操作如图 5.18 所示。

所有手动按钮都可以为 PLC 输入端提供接地脉冲信号，只要将相应的黑色端口接 PLC 输入端即可。

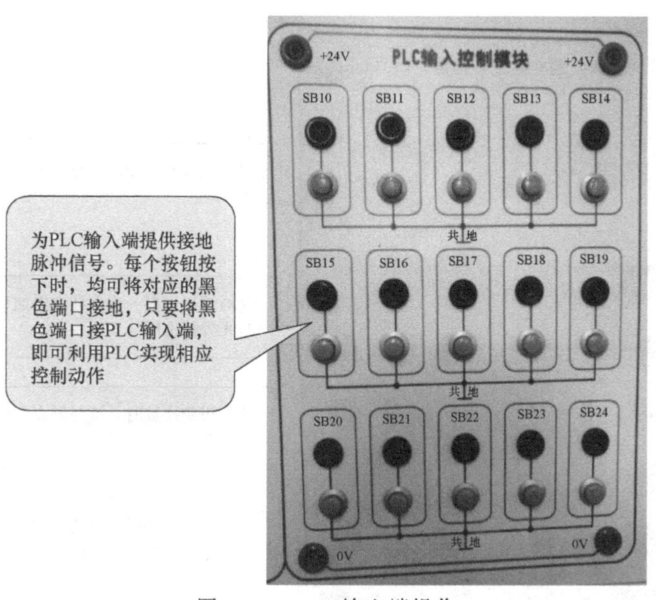

图 5.18　PLC 输入端操作

3. PLC 输出模块操作

PLC 输出控制模块和相应操作如图 5.19 所示。

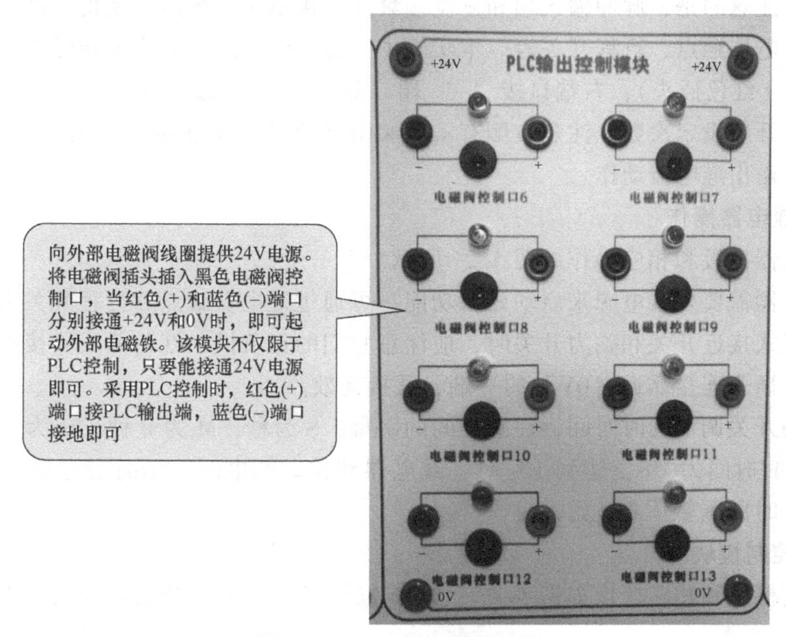

图 5.19　PLC 输出模块操作

该模块用于控制外部电磁阀，将 PLC 输出端接红色（+）端口，蓝色（–）端口接地，即可实现 PLC 控制。事实上，该模块不仅限于 PLC 控制，只要能接通电源即可控制外部电磁阀，可采用继电器、行程开关等实现。

4. 计数器操作

计数器模块和相应操作如图 5.20 所示。

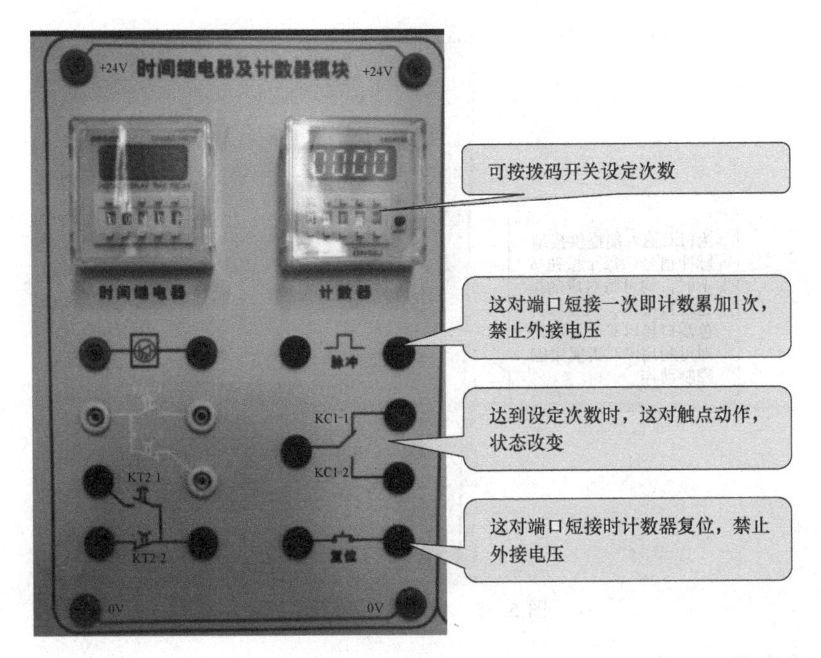

图 5.20　计数器操作

需要特别注意的是，脉冲输入端和复位端**禁止外接电压，当然也禁止接地**，只能连接开关端子，如继电器触点、行程开关等。本实验中，连接电感式接近开关和磁力开关时，左端口接“+”端（红色插头），右端口接“-”端（蓝色插头），反接无效。

可用拨码开关设定次数，注意右侧有×1、×10 等选择，本实验设置为×1，设置值为 3，达到 3 次时，输出继电器动作。

5. 延时继电器操作

时间继电器面板和相应操作如图 5.21 所示。

延时继电器需要外接电源来启动延时功能。可通过继电器触点和行程开关来连接外接电源。采用电感式接近开关和磁力开关时，应注意它们的正负极，红色插头连接靠近“+24V”的一端，蓝色插头连接靠近“0V”的一端，反接无效。

可用拨码开关调节延时时间，注意中间的字母，S 为秒，M 为分种，H 为小时，本实验设置为 S，延时时间为 10s，达到 10s 时，继电器动作。断电时，延时继电器停止工作并复位，再次通电时则重新从 0 开始计时。

6. 按钮控制模块

按钮控制模块和相应操作如图 5.22 所示，包括气控开关（压力继电器或气电转换器）和手动按钮。

气控开关的压力气体输入端接气动回路，有压力时，常开触点闭合，如果连接到电路中，则向外输出信号。

各手动开关均可向外提供一对常开、常闭触点。绿色按钮没有自锁功能，每按下一次，向外输出一个脉冲；红色按钮有自锁功能，向外输出状态量。

7. 继电器模块

继电器模块和相应操作如图 5.23 所示。

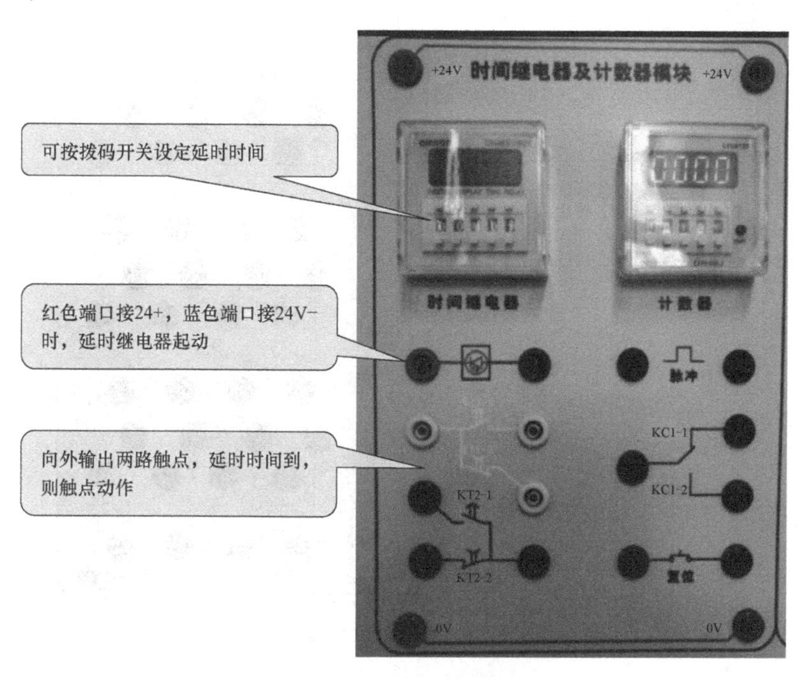

图 5.21　延时继电器操作

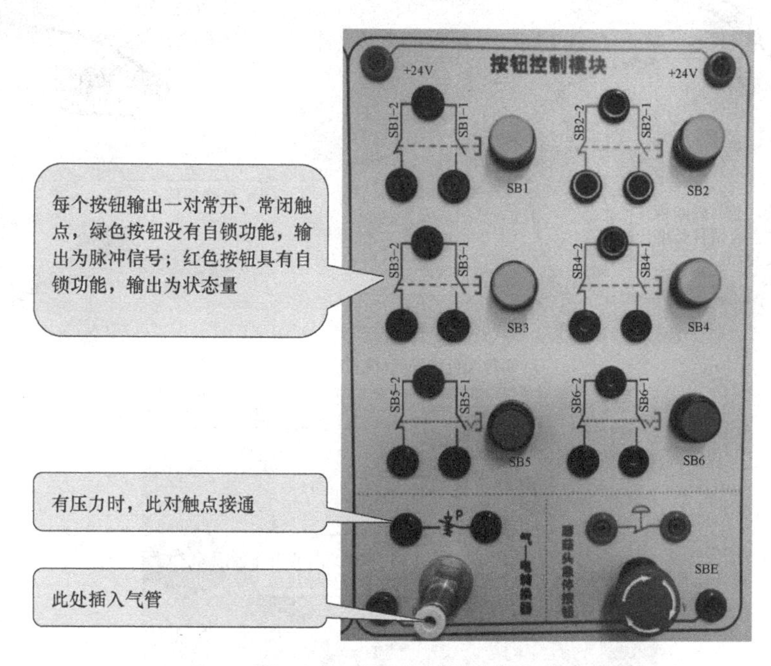

图 5.22　按钮控制模块操作

实验台内置了六个继电器，每个继电器输出四对常开、常闭触点。线圈通电时，触点动作。可通过 PLC 的输出端、继电器或行程开关来接通继电器的外接电源，接线时应注意正负端口的次序，不可接反。

8. 导线操作

实验用的各种导线如图 5.24 所示。

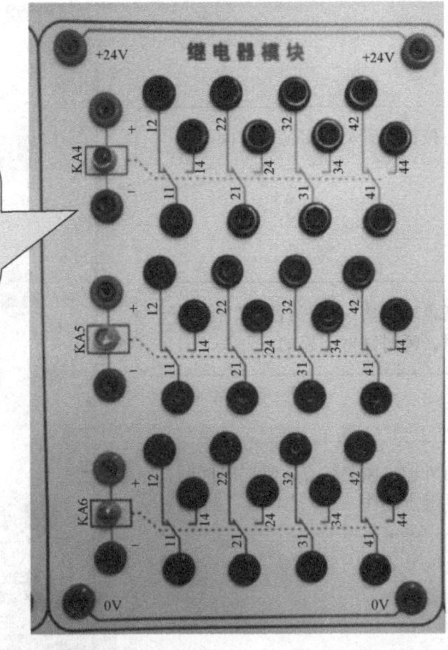

图 5.23　继电器模块操作

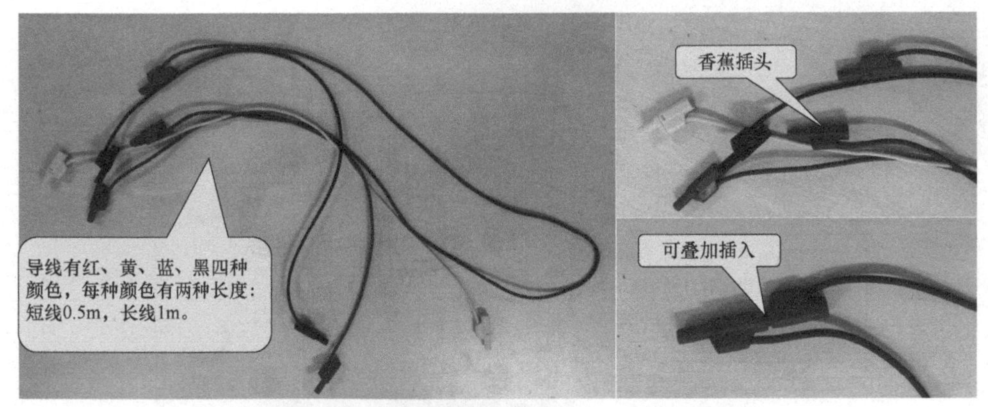

a) 四种颜色的导线(单芯线)

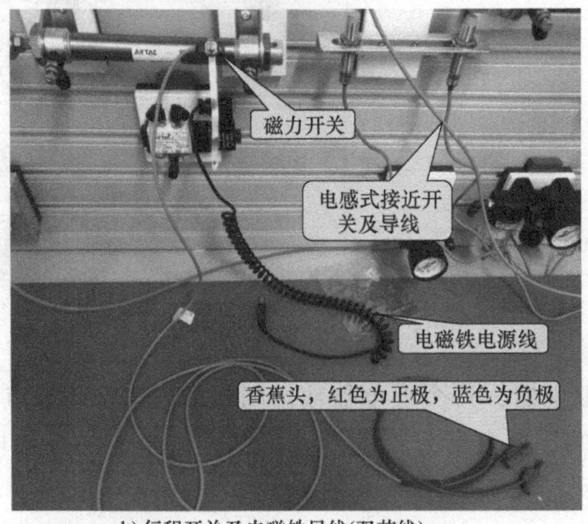

b) 行程开关及电磁铁导线(双芯线)

图 5.24　导线

行程开关的双芯导线在末端分为两个线头，红色为正极，蓝色为负极；电磁铁的双芯导线末端不分开。

导线在面板上的插接方法如图 5.25 所示。

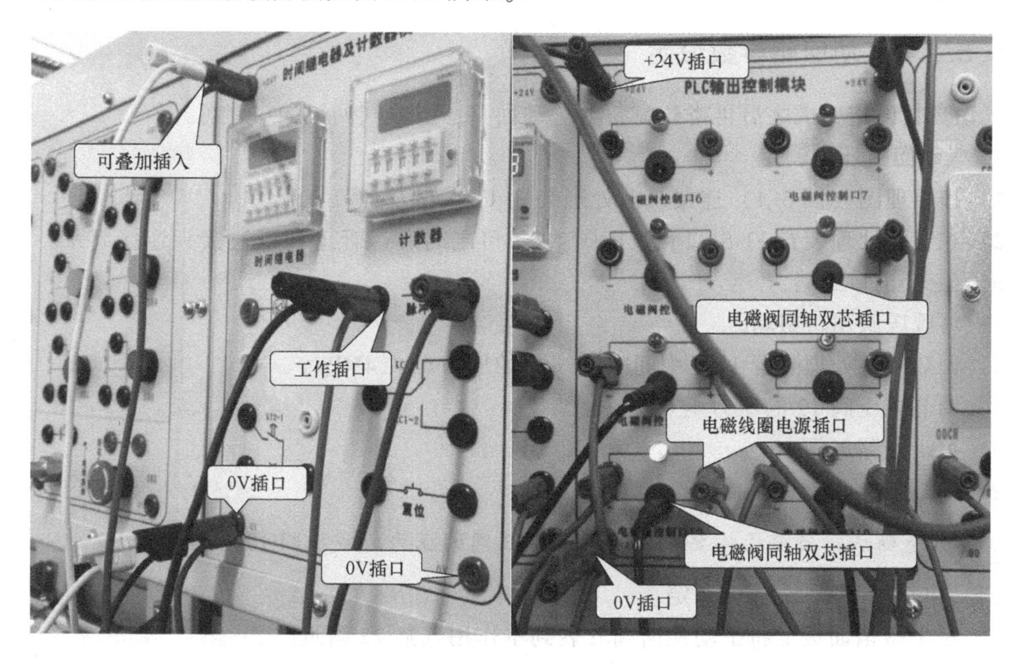

图 5.25　导线在面板上的插接方法。

电磁铁的同轴双芯插头可插入面板上对应的电磁阀插口，除此之外均为单芯插头。

⚠特别提醒：在面板上插线时应直进直出，请勿旋转电线插头，以避免板后电线被拉断！

5.5　实验操作

⚠注意事项

1）实验面板上的**红色端口“+24V”**与**蓝色端口“0V”**不可短接，否则会造成电源短路。

2）实验面板上**计数器的脉冲输入端**和**复位端**不可外接电压信号，当然也不能接地，只能接开关触点信号。

3）连接气动回路前请关闭支路球阀 10。

4）连接电气回路时请不要接通电源，待检查无误后再通电。

5.5.1　系统初始化

检查并确保系统各部分处于下述状态。

1）系统不通电，断路器不允许接通。

2）支路球阀 10 关闭，气动系统不通压缩空气。

3）电气面板上的所有导线拔除，无导线连接。

4）气动面板上，除气源导管外，其他导管均拆除。

5）气动面板上各元件位置如图 5.6 所示，不可大动。

5.5.2 气动回路参数设定

气动参数设定完成之后再搭建完整的气动回路，但电气回路的搭建可并行。

1. 气动回路压力调定

1）按原理图（图 5.1）连接气源处理装置 11 入口至分流集流块。

2）在气源处理装置 11 出口和减压阀 12 入口之间通过管道和三通接头连接起来，并将三通的第三个出口封堵。

3）将减压阀出口封堵。

4）调节气源处理装置 11（中间减压阀）的压力至 0.4MPa。

5）调节减压阀 12 的压力至 0.2MPa。

6）关闭支路球阀 10。

2. 气缸速度调定

状态确认：当前已按要求调定两个减压阀的压力，减压阀 12 出口封堵。

（1）单作用气缸 22 速度调定

1）在 T 型槽面板上将手动换向阀安装到单作用气缸 22 附近。

2）将手动换向阀的其中一个工作口封堵。

3）按原理图将单向节流阀 24 的出口连接至单作用气缸 22 无杆腔端口上直连的单向节流阀 23 端口。

4）连接气源处理装置出口三通至手动换向阀 P 口。

5）将手动换向阀的未封堵工作口连接到单向节流阀 24 的入口。

6）检查线路连接，如有错误及时改正。

7）顺时针旋转单向节流阀 23（气缸入口直连）和 24 的调节旋钮，至接近关闭为止（应留微小开度）。

8）打开支路球阀 10。

9）用手扳动手动换向阀使单作用气缸 22 动作。

10）反复操作手动换向阀和单向节流阀 23 或 24，调节单作用气缸 22 进程（活塞杆伸出至极限位置）时间为 4s，回程（活塞杆缩回至极限位置）时间为 1s。

提示：气缸进程速度由节流阀 24 调节，回程速度由节流阀 23 调节。

11）调好后，将节流阀锁紧螺钉锁紧（不必太紧）。

12）将单作用气缸 22 置于零位（活塞杆缩回至极限位置）。

13）关闭支路球阀 10。

14）拆除手动换向阀，将气源处理装置 11 的出口三通第三端口封堵。

（2）双作用气缸 17 速度调定

1）在 T 型槽面板上将手动换向阀安装到双作用气缸 17 附近，拔除封堵工作口用的管件。

2）按原理图将手动换向阀的两个工作口连接至双作用气缸 17 两个端口上直连的单向节流阀 14 和 15 的端口。

3）拔除减压阀 12 出口封堵管件。

4）连接减压阀 12 出口至手动换向阀 P 口。

5）检查线路连接，如有错误及时改正。

6）顺时针旋转单向节流阀 14（气缸有杆腔端口直连）和 15（气缸无杆腔端口直连）的调节旋钮，至接近关闭为止（应留微小开度）。

7）打开支路球阀 10。

8）用手扳动手动换向阀使双作用气缸 17 动作。

9）反复操作手动换向阀和单向节流阀 14 或 15，调节双作用气缸 17 进程（活塞杆伸出至极限位置）时间为 4s，回程（活塞杆缩回至极限位置）时间为 2s。

⚠提示：气缸进程速度由节流阀 14 调节，回程速度由节流阀 15 调节。

10）调好后，将节流阀锁紧螺钉锁紧（不必太紧）。

11）将双作用气缸 17 置于零位（活塞杆缩回至极限位置）。

12）关闭支路球阀 10。

13）拆除手动换向阀，减压阀 12 出口不必封堵。

（3）双作用气缸 25 速度调定

1）在 T 型槽面板上将手动换向阀安装到双作用气缸 25 附近。

2）按原理图将手动换向阀的两个工作口连接至双作用气缸 25 两个端口上直连的单向节流阀 28 和 29 的端口。

3）连接减压阀 12 出口至手动换向阀 P 口。

4）重复“（2）双作用气缸 17 速度调定”的步骤 5~13，注意此处所用节流阀编号为 28 和 29，其余不变。双作用气缸 25 速度应调定为进程 4s，回程 2s。

⚠提示：气缸进程速度由节流阀 28 调节，回程速度由节流阀 29 调节。

5.5.3　气动回路搭建

⚠初始状态确认：已调定好气源处理装置 11 和减压阀 12 的压力，并调定好三个气缸的速度，支路球阀 10 处于截止状态。

1）对照气动回路原理图（图 5.1）搭建气动回路。

2）搭建完毕后检查气路，直至正确为止。

5.5.4　电气回路搭建

进行电气回路搭建时一定要注意：在面板上插线时应直进直出，请勿旋转电线插头，以避免板后电线被拉断！

⚠初始状态确认：系统处于断电状态，所有导线未连接。

1）延时继电器延时时间调定（10s 已调好，不必更改）。

2）计数器次数调定（3 次已调好，不必更改）。

3）对照控制系统接线图（图 5.3）连接电气回路。

4）连接完毕后，仔细检查线路是否正确，尤其要确认“+24V”端口与“0V”端口无短接现象。

5.5.5 通电实验

初始状态确认：气动回路和电气回路已按气动回路原理图和接线图连接无误。

1）与对面一组同学确认，待两组同学都搭建完毕后再通电。

2）系统通电：向上扳动实验台侧面断路器，上电指示灯亮，计数器亮，延时继电器不亮。

3）确认计数器显示值为 0。

4）打开支路球阀 10，观察两个减压阀压力是否正常。

5）观察系统是否有较为严重的漏气现象（微小漏气不必调整）。

6）一切状态确认正常后，按下按钮 SB21，系统起动。

7）在第一个 3 次循环实验的过程中，观察回路动作是否正常。

8）第一个 3 次循环实验完毕，按下按钮 SB2，计数器复位，第二个 3 次循环实验起动。

9）用手机秒表记录 3 个循环周期：从按下复位按钮 SB2 起，至每个动作循环结束，3 个气缸回到零位止，记录循环工作时间，共记录 3 个时间。

10）在 3 次循环动作期间，用手机拍照记录以下工作状态：

① 初始状态；

② 气缸 25 左行过程中，气动回路及电气回路状态；

③ 气缸 17 左行过程中，气动回路及电气回路状态；

④ 气缸 22 左行过程中，气动回路及电气回路状态；

⑤ 气缸 25 右行回程过程中，气动回路及电气回路状态；

⑥ 延时继电器计时过程中，气缸 22 和气缸 17 未动作时，气动回路及电气回路状态；

⑦ 延时继电器计时结束，气缸 22 和气缸 17 右行回程过程中，气动回路及电气回路状态；

⑧ 3 次循环结束后，3 缸回到零位时，气动回路和电气回路状态。

11）待第二次 3 次循环结束后，按下按钮 SB22，用手机拍照记录气动回路和电气回路状态。

12）按下复位按钮 SB2，观察系统是否动作，用手机拍照记录气动回路和电气回路状态。

13）系统断电。与另一组同学确认实验全部完成后，扳下断路器手柄，所有指示灯灭，计数器灭。

14）关闭支路球阀 10。

实验过程结束。

5.5.6 初始状态恢复

实验完成后，要将系统恢复到初始状态，并检查下述操作已完成。

1）将电气操作面板上所有导线拔除，并分类安放。

2）将气动操作面板上所有管路拆除，留下支路球阀管路及气源处理装置入口管路不拆。将所有气动管安放整齐。

5.5.7　故障诊断及排除

这套实验系统包含气动回路和电气回路，两个回路之间以电-气转换器（电磁换向阀）、气-电转换器（压力继电器）及机-电转换器（行程开关）等相联系起来。由于涉及气动、电气和机械元件较多，安装过程容易出错，导致实验无法继续进行，对于没有经验的人员来说，查错和改错的工作量很大，一旦出错，很有可能在规定的课时内无法完成任务。为此，提供以下故障诊断及排除措施表格，见表5.4。未必全面，仅供参考。

表5.4　故障诊断与排除方法

序号	故障现象	故障的可能原因	故障排除方法
1	按SB21，系统无法起动	①PLC的3个COM端没有按要求接24V ②气缸25的行程开关位置不准确或行程开关XK1接线错误 ③电磁阀线圈YA1接线错误 ④继电器KA4线圈及**常开**触点KA4-3接线错误 ⑤气缸17上安装的行程开关XK3松动，位置发生变化 ⑥计数器的输出**常闭**触点KC1-1接线错误 ⑦气动回路连接不正确 ⑧如果不是以上诸问题，则怀疑导线或器件故障，应一一查验，定位故障	①如果是接线问题，请按照接线图改正错误 ②如果是行程开关位置问题，请调整其位置，使得气缸25或气缸17在活塞杆缩回到最右端时，相应的行程开关发信 ③如是气动回路问题，请按气动原理图改正错误 ④外接导线故障时，可更换导线；面板背后导线故障时，应断电后连接导线①；按钮SB21若不正常，可以用SB23、SB24等代替；如果是控制器件本身问题，应停止实验，等候教师处理
2	系统起动后，气缸25左行到终点，但后续动作没有起动	①气缸25的行程开关XK2位置不准确或接线错误 ②KA4-1**常开**触点接线错误 ③电磁阀线圈YA3接线错误 ④气动回路问题 ⑤导线及器件问题	①如果是接线问题，请按接线图改正错误 ②如果是行程开关位置问题，请调整行程开关XK2的位置，使气缸25左行至终点时，XK2发信 ③气动回路及导线、器件问题：如第1条所述
3	系统一上电，延时继电器即开始计时	①**常开**触点KA5-2接线错误（或许是接到了常闭触点）	①按接线图改正错误 ②如果是KA5-2接到了常闭触点，请检查其他常开触点是否也接到了常闭触点
4	气缸17左行至终点后，气缸25不缩回	①电磁阀线圈YA2接线错误 ②压力继电器（气-电转换器）常开触点接线错误 ③**常开**触点KA4-2接线错误 ④气动回路问题 ⑤导线及器件问题	①如果是接线问题，请按接线图改正错误 ②气动回路及导线、器件问题：如第1条所述

（续）

序号	故障现象	故障的可能原因	故障排除方法
5	气缸 17 左行至终点后，气缸 22 不动作	①行程阀 16 没有正确连接 ②气动换向阀 19 没有正确连接	按照气动原理图改正连接错误
6	气缸 17 左行至终点后，延时继电器没有通电计时	①行程开关 XK5 接线错误 ②行程开关 XK5 松动，位置不正确 ③继电器线圈 KA5 接线错误 ④常闭触点 KA6-2 接线错误 ⑤导线及器件问题	①如果是接线问题，请按接线图改正接线错误 ②行程开关位置及导线、器件问题：如第 1 条所述
7	延时继电器显示值达到设定值（10s）后，气缸 17 及气缸 22 不缩回	①延时继电器输出常开触点 KT1-1 接线错误 ②导线及器件问题	①如果是接线问题，请按接线图改正接线错误 ②导线、器件问题：如第 1 条所述
8	系统起动后气缸不动作，并排除以上诸问题	①没有按要求调节各气缸速度 ②气缸 22 的单向节流阀 24 连接方向错误 ③节流阀开度过小或完全关闭	①按调速要求调速，并将调速后的节流阀旋钮用锁紧螺钉锁定 ②按气动原理图改正连接错误

① 如果是面板背后的插线端子上连接的导线断开了，**应该切断短路器，使系统断电**，然后站到实验台上，掀开实验台顶盖，检查实验台面板背后相应线路并排除故障。如果导线断开，应另外配一根短线接长后再连接，拧紧螺钉时不宜太用力，防止螺钉转动后将其他导线拉断。**这个故障应由教师处理，或在教师指导下进行。**

5.6 数据处理及实验报告

5.6.1 循环时间

1）将记录的时间数据填入表 5.5。

2）计算三个动作循环的平均周期，并以平均周期为分母计算每个动作循环周期与平均周期的相对误差（%），将数据填入表 5.6。

表 5.5 循环时间

	时间/s		循环周期/s
第 1 个循环结束		第 1 个循环	
第 2 个循环结束		第 2 个循环	
第 3 个循环结束		第 3 个循环	

表 5.6 周期误差

循环平均周期/s	
第 1 个循环周期误差（%）	
第 2 个循环周期误差（%）	
第 3 个循环周期误差（%）	

5.6.2　动作顺序及状态统计

1）将拍照记录的各个工作状态的照片列在实验报告里。

2）根据照片，统计电磁铁、行程开关、计数器、延时继电器及各中间继电器状态。参照表5.2，做出动作顺序及状态表，请增加Out00、Out05、Out06、Out07的状态。

需要注意的是：4个接近开关导通时，自身的指示灯都会亮，拍照时要能够拍到它们的指示灯状态。

请手工完成此表，不接受电子版。

5.6.3　思考题

1）实验过程中，每个循环实现的动作相同，那么它们的工作周期一定相同么？受什么因素影响？

2）实验过程中，每个循环实现的动作相同，各开关量的相应状态必然相同么？为什么？

实验六

液压泵的拆装实验

6.1 概述

液压泵是液压系统的心脏，是液压系统中的动力元件，为整个系统提供压力油液。每台泵都具备周期变化的密封工作腔及相应的配流装置，通过工作腔容积变化，使机械能转化为压力能，其输出压力的大小取决于外负载的大小。本实验旨在通过几种典型液压泵的拆卸装配，使学生掌握不同类型液压泵的结构特点，进一步了解它们的工作原理，进而能够分析液压泵在实际工作中产生故障的原因并了解如何排除。本实验重点介绍低压泵（以 CB-B 型齿轮泵为例）、中低压泵（以 YB 型双作用叶片泵为例）及高压泵（以 CY14-1B 手动斜盘式轴向柱塞泵为例）三种典型的液压泵拆卸和装配，以及常见故障与排除方法。

6.2 实验目的

1）通过对典型低压泵（CB-B 型齿轮泵）、中低压泵（YB 型叶片泵）及高压泵（CY14-1B 手动斜盘式轴向柱塞泵）的拆装，掌握其工作原理和结构特点。

2）了解 CB-B 型齿轮泵、YB 型叶片泵、CY14-1B 手动斜盘式轴向柱塞泵密封工作腔的形成及其大小变化的方式。

3）在对典型液压泵结构组成进行分析的基础上，掌握各类液压泵的故障形成原因及排除方法。

6.3 实验装置

CB-B 型外啮合齿轮泵总成一套，YB 型单、双作用叶片泵总成各一套，CY14-1B 型轴向柱塞泵总成一套，包括内六角扳手、内外卡钳、专用轴承起子等的拆装工具多套，液压拆装试验台多台。

6.4 实验内容及实验原理

6.4.1 齿轮泵的拆装实验

1. 齿轮泵的结构组成和工作原理

（1）结构组成　如图 6.1 所示，CB-B 型齿轮泵主要由一对相同的齿轮 4 和 8、传动轴

6、滚针轴承2、前后泵盖1和5，以及泵体3组成。

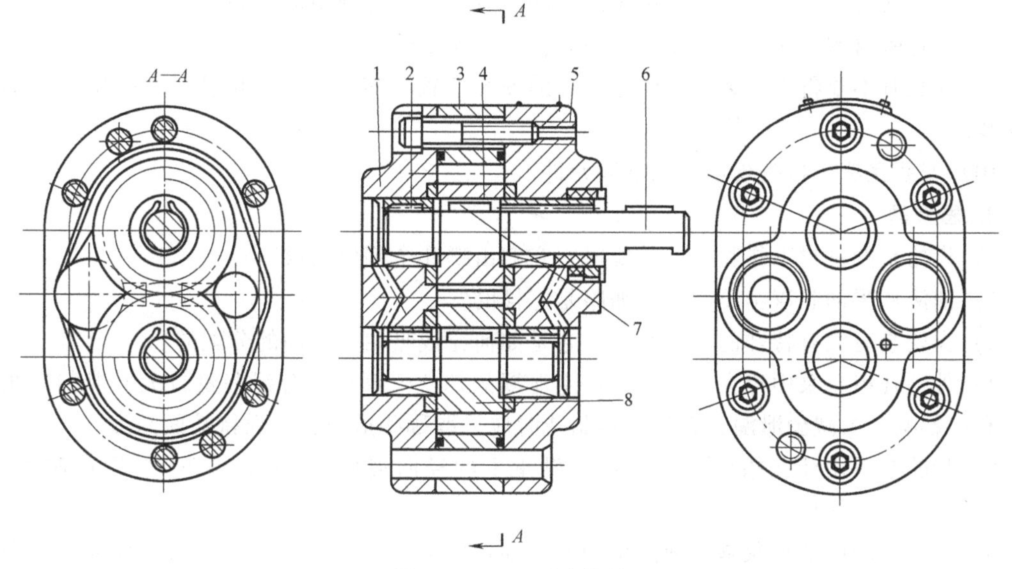

图6.1　CB-B型齿轮泵

1—前泵盖　2—滚针轴承　3—泵体　4—主动齿轮　5—后泵盖　6—传动轴　7—键　8—从动齿轮

（2）工作原理　齿轮泵主要分为外啮合齿轮泵和内啮合齿轮泵，常用的为外啮合齿轮泵，这里就以外啮合齿轮泵为例，阐述其工作过程。一对外啮合齿轮副工作在泵盖和泵体围成的密封空腔中，齿轮运转时，泵体、前后泵盖和啮合齿轮的齿键槽之间形成左右两个密封工作腔，如图6.1所示。齿轮轮齿从左侧退出啮合，露出齿间，使该腔容积增大，形成部分真空，油箱的油液被吸入并将齿间槽充满，因此左腔为吸油腔；随着齿轮的旋转，油液被从左腔带到右腔，轮齿在右侧进入啮合，齿间被啮合轮齿填满，右腔容积减小，油压升高，压力油被输送到压力管路中，因此右腔为压油腔。随着齿轮的运转，液压油不断地由吸油腔吸入，在压油腔升压并被排出，这就是齿轮泵的工作原理。

2. 齿轮泵的拆装顺序及注意事项

观察齿轮泵实物，确定螺钉及定位销数目与位置，读铭牌标记等内容。拔出两根定位销，对称放松并卸下六颗连接螺钉，卸下前泵盖1，转动传动轴6，观察齿轮啮合空间的容积变化，按吸油口（大）和压油口（小）的位置，确定主动轴转动方向，然后拆下泵体。安装顺序与拆卸顺序相反。

在拆卸和装配过程中应注意观察、泵体两端面的“8”形槽结构、齿轮的精度和表面粗糙度、两泵盖表面的卸荷槽结构、轴两端的滚针轴承、主轴在后泵盖伸出部分的密封圈。

在拆卸和装配过程中应注意以下事项。

1）依据如图6.1所示的CB-B型齿轮泵结构，进行拆卸与装配。

2）拆卸时记录元件及解体零件的拆卸顺序和方向。

3）拆卸下来的零件，尤其是泵体内的零件，要做到不落地、不划伤、不锈蚀。

4）个别零件的拆卸需要专用工具，如拆卸轴承要用轴承旋具，拆卸卡环要用内卡钳等。

5）需要敲打某一零件时，要用铜棒，切忌用铁棒或钢棒。

6）拆卸（或安装）一组螺钉时，用力要均匀。

7）安装前要给元件去毛刺，用煤油清洗然后晾干，切忌用棉纱擦干。

8）检查密封圈有无老化现象，如果有，请更换新的。

9）安装时不要将零件装反，注意零件的安装位置，零件有定位槽孔的，一定要对准后再安装。

10）安装完毕，检查现场有无漏装元件。

3. 思考题

1）齿轮泵的密封工作腔指的是哪里？它们由哪几个零件构成？

2）油液从吸油腔流至压油腔的油路是怎样的？

3）齿轮泵有没有特殊的配流装置？它是如何完成吸油、压油的分配的？

4）外啮合齿轮泵中存在哪些可能产生泄漏的部位？哪个部分泄漏量较大？泄漏对泵的性能有何影响？为减少泄漏，在设计和制造时应采取哪些措施，以保持端面间隙？

5）齿轮泵采用什么措施来减少齿轮轴承上的径向液压力？CB-B 型齿轮泵的吸油口、压油口为何大小不同？

6）齿轮泵的困油现象是如何产生的？困油现象会产生什么后果？如何减少或消除困油现象？

⚠提示：当液压泵的密封工作腔转至既不与吸油腔相通，又不与压油腔相通的位置时，该区域就称为液压泵的封油区，任何容积式液压泵都有封油区。没有封油区，吸油腔与油腔就会连通，液压泵就不能正常工作。对于齿轮泵，为使转动平稳，要求齿轮的啮合系数大于 1，即在一对齿轮完全退出啮合之前，后面一对齿轮已进入啮合。这样，在两对齿轮同时啮合的这段时间内，两对齿轮的啮合点之间形成了一个单独的密封腔，这个密封腔在齿轮继续转动时容积会发生变化，由于不能及时地和相应的吸油腔、压油腔相通，该密封腔内的压力就会急剧地下降或上升，从而引起振动和噪声，这就是我们所说的困油现象，啮合点间的密封腔被称为困油腔。通常解决困油问题的办法是在泵盖上开两个槽，也就是卸荷槽。卸荷槽应保证困油腔在容积达到最小以前和压油腔相连，而在过了容积最小位置以后则与吸油腔连通。

6.4.2 叶片泵的拆装实验

1. 叶片泵的结构组成和工作原理

（1）结构组成　如图 6.2 所示，YB 型双作用叶片泵主要由定子 5、转子 4、叶片 9 和两侧的左右配流盘 2、7 组成。

1）配流盘 2、7 分为浮动配流盘和固定配流盘，它们为高低压油提供通道，浮动配流盘还有自动补偿轴向间隙的作用。每个配流盘上各开有两个吸油窗口和两个压油窗口，且左、右配流盘上的吸油和压油窗口是对称布置的。

2）定子 5 是围成密封工作腔的主要零件之一。内表面轮廓线是由两段曲率半径较大的圆弧、两段曲率半径较小的圆弧和四段过渡曲线围成的闭合曲线，形状类似椭圆。

3）转子 4 是把机械能转变成液体压力能的重要零件，比定子稍薄。其上有十二个叶片槽，叶片 9 可以在叶片槽内径向滑动，叶片与叶片槽的配合间隙为 0.01~0.02mm。

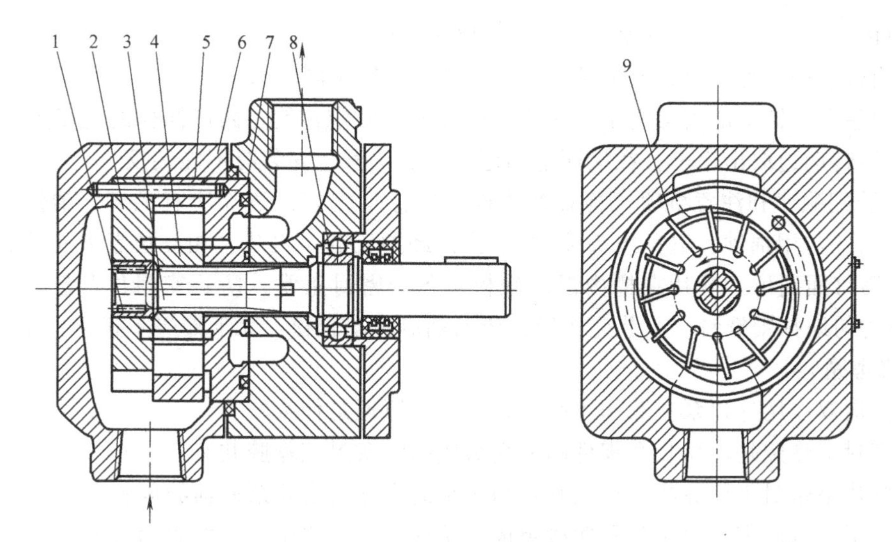

图 6.2　YB 型双作用叶片泵

1—滚针轴承　2、7—配流盘　3—传动轴　4—转子　5—定子　6—泵体　8—滚珠轴承　9—叶片

4）叶片 9 起分割密封工作腔并使其大小可以改变的作用，几何精度及表面粗糙度要求较高。

5）泵体 6 支撑整个液压泵。在泵工作时，泵体大部分部位因承受油压而产生很大拉应力，故要有足够的强度和刚度。

6）密封工作腔由转子 4 的外圆柱面、定子 5 的内表面，叶片 9 的相邻两个叶片和两侧的配流盘 2 和 7 形成，密封工作腔共有十二个。

（2）工作原理　YB 型双作用叶片泵的转子与定子同心。当传动轴带动转子旋转时，叶片在离心力的作用下，远离圆心的一端会紧贴定子内表面，每相邻两叶片与定子、转子、配流盘组成密封工作腔。因定子内表面轮廓线类似椭圆，所以密封工作空间随着叶片旋转时会发生容积增大和缩小的变化，容积增大时通过吸油窗口吸油，容积缩小时通过压油窗口将油排出。在吸油区和压油区之间，各有一段封油区将它们隔开。由于吸油窗口和压油窗口各有两个，转子每转一周，叶片泵完成两次吸油和两次排油，因此称为双作用叶片泵。

2. 叶片泵拆装顺序和注意事项

（1）拆卸顺序和注意事项

1）卸下传动轴上的半圆销，卸下泵盖上的螺钉，用木锤轻击，卸下泵盖。注意两密封圈的安装方向。

2）拔出传动轴，检查轴向间隙、轴承密封圈、卡簧是否完好。

3）卸下泵体上螺钉，将液压泵放在铺有干净布垫的工作台面上，使后泵体在下，前泵体在上。

4）旋转并同时试着向上拉动前泵体，直至将前泵体卸下。

5）将前泵体放于工作台上，观察前泵体上的管路与压油口的连通情况。

6）卸下配流盘外圆上的密封圈，擦净配流盘，沿轴向卸下配流盘，将其翻转放在工作台上，观察其上两个吸油窗口和两个压油窗口的尺寸和位置。

7）把传动轴上的花键插入转子，转动传动轴，判断转子的正确转动方向，与泵体上铭牌标示的转动方向比较。注意观察叶片槽的倾角方向。

8）用镊子把叶片取出，取下转子，或将叶片与转子同时取下。

9）观察定位销头部露出定子端面的高度（安装时定位销也露出同样的高度才算到位）。

10）边转动边取出定子，在端面上用记号笔做记号，安装时不能装反。

（2）装配顺序和注意事项　检查各零件并确保均完好，清除所有毛刺，清洗干净后用干净布擦拭（勿用棉纱，以免线头掉入）。按拆卸的反顺序组装，相互位置要正确，各处标记对齐。销钉插到位，叶片在槽内滑动轻松，各处密封正常，防止密封件翻转、歪斜、破损。对称均匀地拧紧螺钉。组装完毕后，传动轴应转动轻松，无卡滞等不正常现象。

3. 思考题

1）何谓双作用叶片泵？双作用叶片泵的工作原理是什么？

2）密封工作腔是由哪几个零件的表面组成的？密封工作腔共有几个？

3）叶片泵密封工作腔的形成及其容积大小的变化与齿轮泵有何异同？

4）定子的内圆表面由哪几种曲线组成？用这几种曲线组成的内表面有何特点？

5）转子上有多少个叶片槽？叶片与叶片槽的配合间隙有多大？

6）配流盘除开有通油窗口外，还开有与压油腔相通的环形槽，试分析环形槽的作用。

7）配流盘的作用是什么？请分析哪个是吸油窗口，哪个是压油窗口？

8）装配时如何保证配流盘吸油、压油窗口的位置与定子内表面曲线相一致？

⚠ *提示：叶片泵的转子与其两侧的配流盘由长销连接与定位，长销固定在后泵体内，故能保证配流盘上的吸油、压油窗口位置和定子内表面曲线一致。后泵体相对于前泵体可以在90°范围内任意回转安装以便于选择合适的吸油口和压油口位置。*

9）YB型叶片泵是否有困油现象，压油窗口的三角槽起何作用？

⚠ *提示：YB型双作用叶片泵的封油区所对应的中心角$\beta_{配}$（配流盘吸油窗口和压油窗口端缘所夹的中心角）基本上等于相邻叶片的夹角$\beta_{叶}$。叶片数$z=12$，则$\beta_{叶}=360°/z=360°/12=30°$。而定子内圆表面圆弧所占的中心角$\beta_{定}$略大于$\beta_{配}$，所以密封工作腔通过封油区时其容积基本不变化，基本上没有困油现象，但密封工作腔压力由吸油腔的低压瞬间转为压油腔的高压，会产生压力波动和噪声。为了消除压力波动和噪声，在配流盘压油窗口端缘开有三角槽。*

10）定子内表面磨损最严重的部位在哪个工作区？为什么？

6.4.3　轴向柱塞泵的拆装实验

1. 柱塞泵的结构组成和工作原理

（1）结构组成　CY14-1B手动斜盘式轴向柱塞泵的结构如图6.3所示。

1）配流盘12是轴向变量泵的主要零件，精度要求高，配流盘上开有配流窗口a、b（如图6.4所示），它们分别与泵体中的吸油管路和压油管路相通。

2）柱塞8与滑靴7是柱塞泵吸油和压油的重要工作部件，每个柱塞头部都装有滑靴，柱塞头部与滑靴为球铰连接。

3）在缸体15上沿圆周方向均匀分布着七个柱塞孔。柱塞孔既是柱塞往复运动和液压油进出的通道，又与柱塞配合组成密封工作腔。

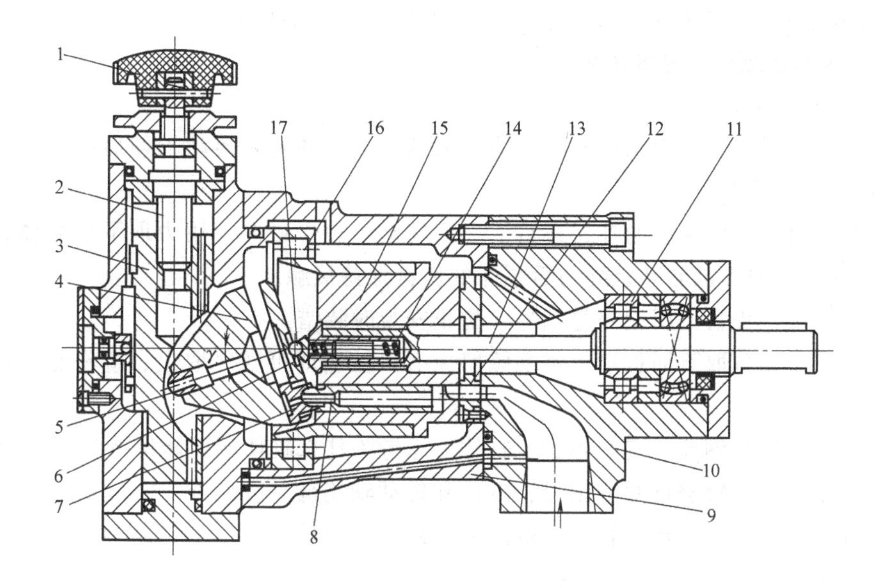

图 6.3　CY14-1B 手动斜盘式轴向柱塞泵

1—手轮　2—螺杆　3—活塞　4—斜盘　5—销　6—回程盘　7—滑靴　8—柱塞　9—中泵体　10—前泵体　11—前轴承　12—配流盘　13—传动轴　14—定心弹簧　15—缸体　16—缸外大轴承　17—中心定位钢球

4）斜盘 4 是改变流量的关键零件，承受较大的轴向力，因此要求刚性好。

5）中泵体 9、前泵体 10 是整个泵的支承零件，承受很大振动和压力油产生的拉应力。

6）中心定位钢球 17 起定位作用。

7）密封工作腔由柱塞、柱塞孔和配流盘组成，共有七个。

（2）工作原理　如图 6.4 所示，斜盘式轴向柱塞泵的传动轴中心线与缸体的中心线重合，每个柱塞的中心线与缸体的中心线平行，柱塞均匀地分布在缸体的圆周上。在液压力的作用下，或由于滑靴与柱塞头部的球铰连接的结构，柱塞头部始终贴紧斜盘，柱塞与缸体上的柱塞腔、配流盘之间会形成密封工作腔。当传动轴带动缸体旋转时，由于泵斜盘倾角 γ 的存在，柱塞会在柱塞腔内进行往复运动，各柱塞和缸体间的密封工作腔的容积便会发生增大或缩小的变化。

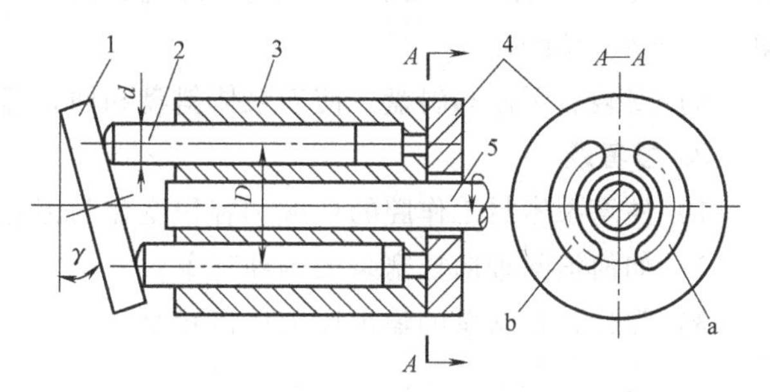

图 6.4　斜盘式轴向柱塞泵的工作原理示意图

1—斜盘　2—柱塞　3—缸体　4—配流盘　5—传动轴　a、b—配流窗口

以单个柱塞为例，在从图 6.4 所示的下部柱塞位置转到上部柱塞位置的过程中，柱塞向外伸出，柱塞腔内的密封工作腔容积增大，泵通过配流盘的吸油窗口 b 进行吸油；而该柱塞从图 6.4 所示的上部柱塞位置转到下部柱塞位置的过程中，柱塞腔内的密封工作腔容积逐渐减小，泵通过配流盘的压油窗口 a 向外压油。传动轴带动缸体每转一周，每个柱塞均完成一次吸油和一次压油。如

果改变斜盘倾角 γ，就能够改变柱塞的行程，进而改变泵的排量。

2. 柱塞泵拆装顺序和注意事项

（1）拆卸顺序和注意事项

1）注意分清后泵体、中泵体和前泵体三大部分，将柱塞泵传动轴伸出端竖直向下地靠放在工作台边缘位置上。

2）拆掉后泵体与中泵体的连接螺钉，一边转动一边慢慢向上用力取下后泵体，再取出斜盘，思考为什么回程盘能够始终与后泵体的斜盘保持接触。

3）在滑靴及回程盘上用记号笔编号，防止安装时装错。

4）轻轻向上提拉取下回程盘，不要倾斜，七只柱塞即可随之取出，应将它们放入专用油盆。

5）取下中心定位钢球、定心弹簧、缸体，思考为什么缸体端面能保持与配流盘靠紧。

6）对柱塞孔与滑靴进行对应编号，缸体和传动轴花键对应编号，以免装配时错位。

7）将柱塞泵翻转，让传动轴伸出端向上，卸掉前泵体的八个连接螺钉。再从连接处用橡胶锤轻轻敲击中泵体和前泵体，将二者分开，随后可见缸体和配流盘。用细铜棒沿轴承外缘敲击，对称拆卸轴承的外圈，卸下轴承和缸体。

8）卸掉传动轴上的键、前泵体端盖上的端盖螺钉、组合密封橡胶圈。

9）用软金属垫在传动轴端花键上后用工具轻轻敲击传动轴端花键，卸下轴承及内外垫圈。

（2）装配顺序和注意事项

1）将柱塞泵靠近工作台边缘，前泵体向下，使传动轴伸出端竖直向下放置，用专用工具垫牢固，将配流盘上的定位孔对正前泵体上的定位销进行安装，注意销钉不要错位安装。

2）向配流盘定位销孔处与前泵体定位销安装位置浇注少量润滑油，将配流盘定位销孔对准销钉，安装配流盘。再将中泵体放在配流盘上，用螺钉将前泵体和中泵体连接紧密。

3）将缸体嵌入轴承内，再将装有轴承的缸体作为一个整体装入中泵体，使之顶住配流盘，用手转动传动轴，此时传动轴应转动灵活。

4）依次在缸体内放入柱塞、定心弹簧和中心定位钢球。

5）将检查合格的柱塞和滑靴组件按标记装入回程盘，按标记将柱塞装入柱塞孔，轴向移动回程盘，各柱塞应无卡滞现象。将回程盘压向中心定位钢球，使中心定位钢球进入回程盘上的球形凹坑内。

6）安装后泵体和斜盘，使后泵体斜盘和回程盘贴紧，再拧紧连接螺钉。

3. 思考题

1）柱塞泵密封工作腔的形成和容积变化与齿轮泵、叶片泵有何不同？

2）如何消除轴向柱塞泵的困油现象？

3）为什么柱塞泵的输出压力比齿轮泵和叶片泵高？

6.5 几种典型液压泵的常见故障及排除方法

几种典型液压泵的常见故障及排除方法见表 6.1～表 6.3。

表 6.1　CB-B 型齿轮泵的常见故障及排除方法

故障名称	原因分析	排除方法
泵不输出油、输出压力不能提高、输出油量不足	原动机转向不对	纠正原动机转向
	过滤器或吸油管路堵塞	清洗过滤器，疏通管路
	端面、径向配合间隙过大	修复零件
	液压油黏度过大或温升过大	调温使液压油黏度适合
	泄漏引起空气进入	紧固连接件
噪声大、压力波动严重	泵与原动机同轴度降低	调整同轴度
	油液中有空气	排除空气
	骨架油封损坏	更换油封
	过滤器或吸油管路堵塞	清洗过滤器，疏通管路
	齿轮精度太低	更换齿轮或修理研磨齿轮
泵卡死、旋转不灵活	装配不良	重新装配
	油液中有杂质	过滤油液以保持油液清洁
	端面、径向间隙过小	修复磨损零件

表 6.2　YB 型叶片泵的常见故障及排除方法

故障名称	原因分析	排除方法
泵不吸油或无压力	泵转向不对或漏装传动键	纠正转向或重装传动键
	泵转速过低或油箱液面过低	提高转速，或补充油液至箱内液面达到最低液面以上
	油温过低或液压油的黏度过大	将液压油加热至合适的黏度后使用
	过滤器或吸油管路堵塞	清洗过滤器，疏通管路
	吸油管路漏气	修复磨损零件
输油量不足或压力不够	叶片移动不灵活	单独研磨不灵活的叶片
	各连接处漏气	拧紧泵连接处螺栓，加强密封
	吸油不畅，油箱液面过低	清洗过滤器，向油箱内补充液压油
	端面、径向间隙过大	修复或更换零件
	叶片和定子内表面接触不良	重新定位装配（将定子旋转 180°后装配）
噪声、振动过大	转速过高	降低转速
	有空气侵入液压油箱	检查吸油管、注意油箱内液位
	液压油的黏度过高	适当降低液压油的黏度
	油箱液面过低，吸油不畅	向油箱补充油液，清洗过滤器
	泵与原动机同轴度低	调整同轴度至规定值
	配流盘端面与柱塞内孔不垂直	修复配流盘端面
	叶片对定子的垂直度太差	提高叶片对定子的垂直度
外泄漏	密封件老化	更换密封件
	进出油口连接部位松动	拧紧管路接头或管箍上的锁紧螺钉
	密封面磕碰损坏或泵壳体有砂眼	修复密封面或更换壳体

（续）

故障名称	原因分析	排除方法
发热大	油温过高	改善油箱散热条件或使用冷却器
	液压油的黏度太大，内泄过大	选用合适液压油
	油箱端的回油管口接近泵的吸油管口	使油箱端的回油口远离泵的吸油口，接至油箱液面以下

表 6.3 CY14-1B 型柱塞泵的常见故障及排除方法

故障名称	原因分析	排除方法
压力波动大	液压系统中有空气	排除系统空气
	系统中压力阀本身不能工作	调整或更换压力阀
	吸油腔真空度太大	使真空度值降至规定值
	压力表座处于振动状态	消除压力表座振动原因
	油液污染等导致的配流盘上的接触面严重磨损	修复或更换零件并消除磨损原因
无压力或泄漏大	调压阀没有调整好或建立不起压力	调整或更换调压阀
	泵和电动机同轴度低，造成泄漏严重	调整泵轴与电动机轴的同轴度
	滑靴脱落	更换柱塞滑靴
	泵体配流盘上的接触面严重磨损	更换或修复零件并消除磨损原因
	定心弹簧断裂导致缸体和配流盘之间无初始密封力	更换定心弹簧
流量不够	液压油污染导致的过滤器堵死或阀门吸油阻力大	清洗过滤器，提高油液清洁度，增大阀门流量开度
	油箱内液面太低，吸油管漏气	向油箱补充油液，找到漏气原因并修补
	变量泵斜盘倾角过小	增大倾角
	定心弹簧断裂导致缸体和配流盘之间无初始密封力	更换定心弹簧
	配流盘与前泵体接触面不平或严重磨损	找出接触面不平的原因，更换配流盘
	油温过高	降低油温
噪声过大	吸油管吸油阻力过大，吸油管与油箱接头处密封差，吸入空气	排除液压系统中的空气
	液压油的黏度太大	降低液压油的黏度
	油液中有大量泡沫	消除泡沫及进气原因
	泵和电动机同轴度低，传动轴受径向力作用	调整泵和电动机的同轴度
油温提升过快	液压泵内部有磨损过大零件	检查液压泵内部，更换磨损零件
	液压系统泄漏太大	修复或更换有关元件
	油箱容积小	增加油箱容积
	周围环境温度过高	改善环境条件或加冷却环节

（续）

故障名称	原因分析	排除方法
伺服变量机构失灵、不能改变泵的流量	单向阀弹簧断裂	更换弹簧
	伺服活塞卡死	消除卡死原因
	变量活塞卡死	消除卡死原因
	变量头转动不灵活	查找转动不灵活原因，更换零件
泵不能转动（卡死）	油液污染或油温变化引起的柱塞与缸体卡死	更换为洁净的液压油、控制油温
	柱塞卡死、负载过大引起的滑靴脱落	更换或重新装配滑靴
	柱塞卡死、负载过大引起的柱塞球头折断	更换柱塞
	缸体损坏	更换缸体

实验七

液压阀和液压缸的拆装实验

7.1 概述

在液压系统中，用来控制系统中液流的压力、流量和方向的元件总称为液压控制阀。不同的阀经过不同形式的组合，可以满足不同液压设备的性能要求，控制执行元件（液压缸或液压马达）输出的力、力矩或运动方向等。通过对常用压力控制阀、方向控制阀和流量控制阀这三类元件的拆装，学生可以掌握典型液压阀的结构组成与工作原理，进一步理解阀的不同用途如何实现，了解方向控制阀的不同控制方式。此外，本章还介绍了典型液压阀的使用注意事项、常见故障及排除方法。通过对典型液压活塞缸的拆装分析，应了解液压缸作为能量转换装置的特点，在液压系统中作为执行元件的工作原理，掌握它的结构组成和拆装注意事项。

7.2 实验目的

1）熟悉液控单向阀的结构和工作原理。

2）了解各类换向阀的操纵方式、结构形式、工作原理和使用注意事项。

3）掌握换向阀的换向原理、滑阀功能，并能正确地拆装常用方向阀。

4）熟悉流量控制阀的流量调节方式、节流口形式及主要零件的作用。

5）掌握典型流量控制阀的工作原理，能拆装 L 型节流阀。

6）掌握几种压力控制阀的工作原理，能拆装常用压力控制阀。

7）了解压力控制阀的结构形式及主要零件的作用。

8）掌握液压活塞缸的结构特点与工作原理。

9）掌握液压活塞缸的正确拆装顺序及注意事项。

10）掌握各类典型液压控制阀的故障产生原因及排除方法，了解几类典型液压控制阀的使用注意事项。

7.3 实验装置

三位四通电磁换向阀、高压电磁换向阀、中低压液控单向阀、流量阀、低压直动式溢流阀、中低压先导式溢流阀、高压溢流阀、液压缸各一套，拆装工具多套，液压拆装实验台按组别多台。

7.4　实验内容及实验原理

7.4.1　方向控制阀的拆装实验

在液压系统中，方向控制阀在数量上占有相当大的比重。不过，它的工作原理与流量控制阀和压力控制阀的工作原理比较要相对简单，它是利用阀芯和阀体间相对位置的改变来实现液压管路的接通或断开，以满足液压系统对管路提出的各种要求。方向控制阀的品种和规格较多，本实验选取了液控单向阀、中低压电磁换向阀及高压电磁换向阀来进行方向控制阀的拆装实验。

1. 三位四通电磁换向阀的拆装实验

（1）三位四通电磁换向阀的结构组成及工作原理

1）结构组成。三位四通电磁换向阀的结构如图 7.1 所示，该换向阀采用了对称结构，主要零件包括两个电磁铁、两个推杆、两个对中弹簧、阀芯、阀体等。

① 阀体 1 上开有四个通油口，中间的为 P，P 的相邻两侧为 A 和 B，与 A 相邻的最外端为 T。

② 阀芯 4 为一个阶梯轴，轴颈大的轴端的外圆柱面与阀体内腔配合。

③ 电磁铁衔铁 6 为电磁换向阀电磁铁的重要组成部分，电磁铁为干式电磁铁，推杆上有 O 形圈密封，当电磁铁通电时，通过推杆推动阀芯移动，改变管路实现换向。

④ 弹簧 2 起复位作用，当左、右电磁铁都不通电时，阀两端的弹簧自动将阀芯置于中位。

2）工作原理。如图 7.1 所示，该电磁滑阀是有三个阀位（左、中、右），四个通油口（P、A、B、T），直流电磁铁控制的电磁换向阀。流量为 10L/min，两极式结构，压力为 $63\mathrm{kgf/cm^2}$。具体工作过程是：当两侧磁铁都不通电时，阀芯 4 在两侧的对中弹簧 2 的作用下处于中位，P、T、A、B 口互不相通，当右侧电磁铁通电时，推杆 10 将阀芯 4 推向左端，P 口与 A 口相通，B 口与 T 口相通；当左侧电磁铁通电时，推杆将阀芯推向右端，P 口与 B 口相通，A 口与 T 口相通。由于电磁铁的吸力有限（≤120N），因此阀在工作时能承受的流量有限，为一种中低压换向阀。当流量大于 120（或 100）L/min 或要求换向性能好时，应选用液动换向阀。如将 A 口或 B 口堵塞，该阀可作为三通阀使用。

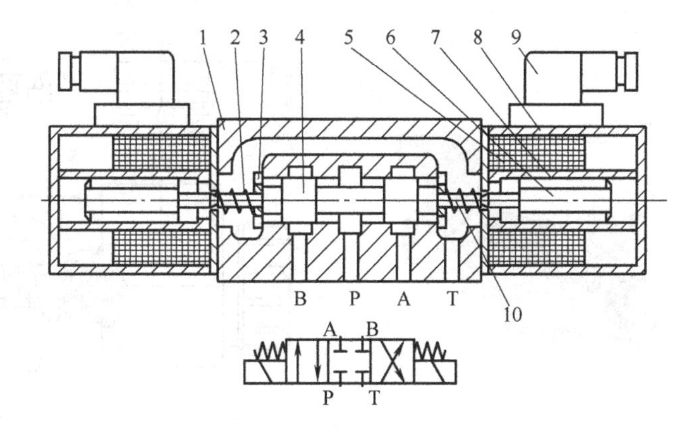

图 7.1　三位四通电磁换向阀

1—阀体　2—弹簧　3—挡圈　4—阀芯　5—线圈　6—衔铁　7—隔套　8—壳体　9—电插头　10—推杆

（2）拆装顺序及注意事项

1）拆卸顺序及注意事项。拆卸前，将阀表面擦拭干净，观察阀的外形，分析各油口的作用。而后按下述顺序拆卸。

① 拔下阀体上电磁铁的电源线接头。

② 拧下左、右电磁铁的螺钉，从阀体两端取下电磁铁。

③ 用卡簧钳取出两端卡簧。

④ 取出端盖、弹簧、弹簧座及推杆，然后将阀芯推出阀体。要将阀芯放在清洁软布上，以免碰伤外表面。

⑤ 用光滑的挑针把密封圈从端盖的槽内撬出，检查弹性及其尺寸精度。若有磨损和老化，应及时更换。

在拆卸过程中，注意观察主要零件的结构、相互配合关系、密封部位、阀芯与推杆和电磁铁之间的连接关系，并结合结构图和阀表面铭牌上的职能符号，分析换向阀的换向原理和使用注意事项。

2）装配顺序及注意事项。按拆卸的相反顺序装配，并注意下列事项。

① 把推杆装入阀芯的槽口内，再装入弹簧座、弹簧、端盖及卡簧等。不要漏装。将阀芯装入阀体后，用手推拉几次阀芯，阀芯应运动灵活。

② 安装端盖上的两个O形密封圈，要保持密封面的平整。

③ 把两端电磁铁电源线从专用孔穿至阀体前端，然后再用螺钉将电磁铁与阀体连接牢固。

（3）思考题

1）阀体内有几个沟槽？是否对称？为什么？电磁阀体外有几种油口，为何只安四个进出口？

2）分析阀芯卡住的原因？卡住后将产生何种后果？

3）油口被堵将产生什么后果？

2. 高压电磁换向阀的拆装实验

（1）高压电磁换向阀的结构组成及工作原理　如图7.2所示，4WE6型高压电磁换向阀为双电磁铁、弹簧复位的结构，主要零件包括两个电磁铁（湿式直流24V）、两个推杆、两个复位弹簧、一个阀芯和阀体等。将图7.2所示阀的一个电磁铁拆除并用堵头封住，该阀即可作为一个单电磁铁换向阀使用。

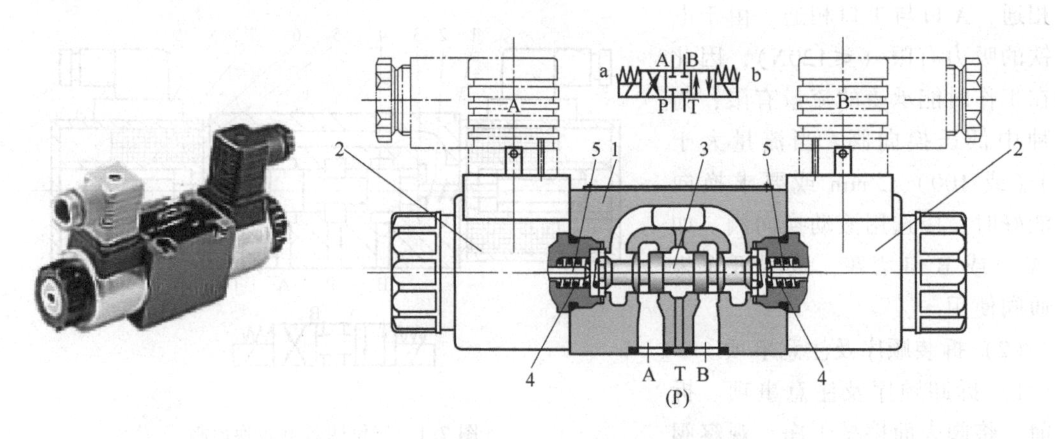

图7.2　4WE6型高压电磁换向阀

1—阀体　2—电磁铁　3—阀芯　4—复位弹簧　5—推杆

（2）拆装顺序及注意事项

1）拆卸顺序及注意事项。

① 在复位弹簧端拧开堵头，取出弹簧及垫片。在电磁铁端拧出电磁铁壳体，拔下电插头，在台虎钳上固定阀体，拧出电磁铁铁芯，取出弹簧及垫片。

② 将阀芯从阀体上取出。

2）装配顺序及注意事项。按与拆卸相反的顺序进行装配。在安装阀芯时注意方向，若装反，阀的机能就会被改变。

（3）思考题

1）4WE6型电磁换向阀和中低压换向阀不同，弹簧腔的液压油如何排出？

2）4WE6型电磁换向阀能否用作二位二通换向阀？如何实现？

3. 中低压液控单向阀的拆装实验

（1）结构组成及工作原理

1）结构组成。如图7.3a所示，液控单向阀一般由控制活塞1、主阀芯2、弹簧3、阀体4组成。带先导阀的液控单向阀则如图7.3b所示。

2）工作原理。

① 普通的液控单向阀如图7.3a所示，当控制油口A无压力油通过时（$p_A=0$），压力油只能从B流向C；当控制油口A接通控制压力油p_A时，压力油就会推动控制活塞1，顶开主阀芯2，液体即可在B向C和C向B两个方向自由通流。

② 带先导阀的液控单向阀如图7.3b所示，当控制活塞1在控制油压的作用下右移时，先顶开先导阀芯5，使弹簧腔卸压，油液由C_1流向B，然后顶开主阀芯2，油液由C流向B。

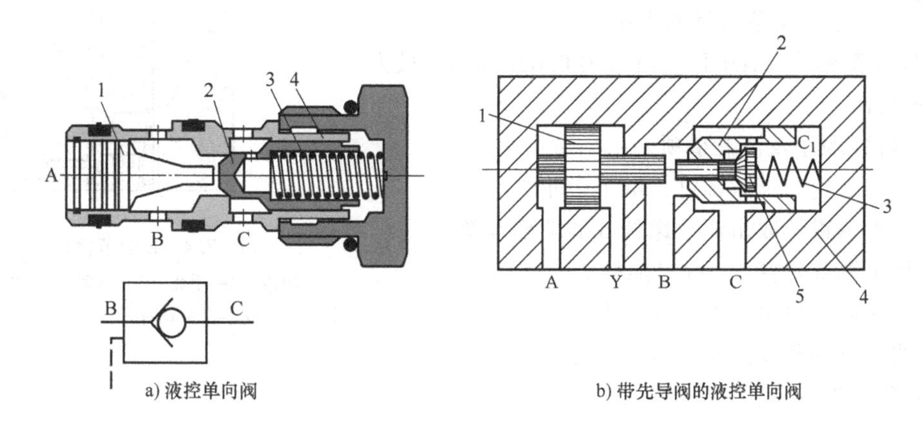

a) 液控单向阀　　b) 带先导阀的液控单向阀

图7.3　液控单向阀

1—控制活塞　2—主阀芯　3—弹簧　4—阀体　5—先导阀芯

（2）拆装顺序及注意事项

1）拆卸顺序及注意事项。

① 旋出前后端盖上的紧固螺帽，卸下两端盖。

② 从液控单向阀体内取出弹簧、主阀芯和弹簧中的顶杆。

在拆卸过程中，注意观察各种零件的结构，并分析阀芯上径向小孔的作用。

2）装配顺序及注意事项。装配前清洗各零件，将阀体、阀芯、顶杆等相互配合的零件表面涂润滑油，然后按拆卸时的相反顺序装配。

(3) 思考题

1）顶杆、控制阀芯、主阀芯的作用是什么？

2）在控制油口通压力油和不通压力油时，阀的工作状态分别是怎样的？

3）当使用控制油口时，控制油口的油液压力是否和主油路的油液压力一致？

4）分析液控单向阀产生泄漏的原因。

7.4.2　流量阀的拆装实验

最常见的流量控制阀即为节流阀，调节阀口的开口量，能改变通过阀的流量，从而调节液压缸的直线运动速度或液压马达的运转速度。

(1) L 型节流阀结构组成及工作原理

1）结构组成。如图 7.4 所示，节流阀主要由阀体 1、手轮 2、阀套 3、节流口 4、阀芯 5 等组成。

2）工作原理。节流阀芯为轴向三角槽节流口结构，转动手轮 2 使阀芯轴向运动，改变节流口大小，从而调节通过节流阀的流量。

① L 型节流阀的节流口是轴向三角槽式。

② 液压油从进油口 A 流入，经阀芯 5 上的轴向三角槽式节流口从出油口 B 流出。

③ 转动手轮 2，使阀芯 5 作轴向移动，即可调节节流口的开度，进而调节流量的大小。

④ L 型节流阀的最小稳定流量为 0.05L/min，最大压力为 63bar。

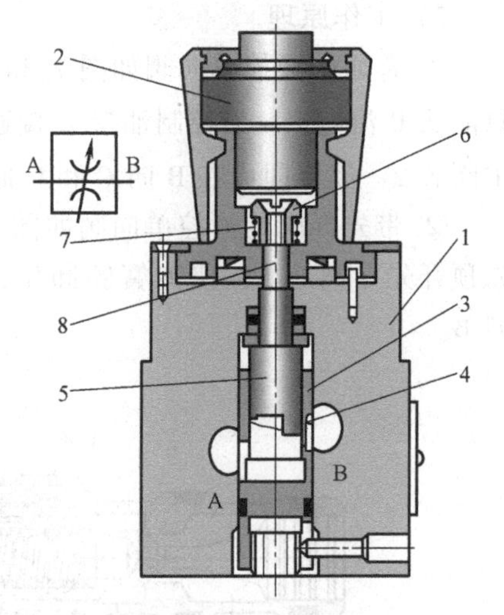

图 7.4　L 型节流阀

1—阀体　2—手轮　3—阀套　4—节流口　5—阀芯　6—调节螺杆　7—弹簧　8—推杆

(2) 拆装顺序及注意事项

1）松开手轮的锁紧螺钉，取下手轮 2。

2）用卡簧钳子取出调节螺杆 6 的端部卡簧。

3）旋出调节螺杆 6，取出推杆 8。

4）从阀体上取出阀芯 5 及弹簧 7。

5）按与拆卸相反的顺序装配。

(3) 思考题

1）试分析 L 型节流阀的工作原理。

2）在负载变化大的系统中，用 L 型节流阀调速，液压缸运动速度能否稳定？为什么？

7.4.3　压力阀的拆装实验

压力阀的工作原理是控制压力与阀的弹簧力平衡，按功能需要可有溢流阀、减压阀、顺序阀三大类。

1. 低压直动式溢流阀的拆装实验

(1) 结构组成及工作原理

1）结构组成。如图 7.5 所示的滑阀式直动溢流阀是一种低压直动式溢流阀，主要由阀芯 7、阀体 6、调压弹簧 3、阀盖 5、调节杆 1 和调节螺母 2 等组成。

2）工作原理。

① 溢流阀的阀口是常闭的。从回油口向里窥视，可看出阀口是封闭的。

② 控制阀芯抬起的压力油来自进油口。进油口的压力油可通过阀芯杆部径向孔和中心孔 a 流入阀芯底部油腔。中心孔的孔径小，有阻尼作用。

③ 弹簧腔的泄漏油通过阀体上的油孔流入回油口。

④ 阀口的遮盖量约 2mm。

（2）拆装顺序及注意事项

① 旋松手柄上的锁紧螺母 4，旋出调节手柄，取出调压弹簧 3。

② 旋出螺钉，取下上部的阀盖 5，取出主阀芯 7（取出主阀芯之前观察进油腔和出油腔是否相通）。

③ 按与拆卸相反的顺序装配。

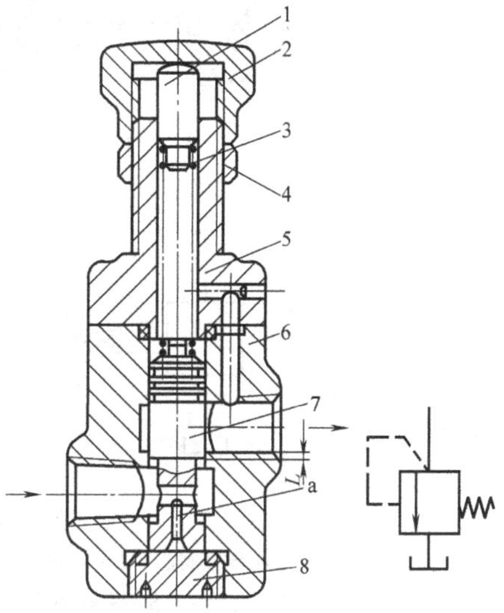

图 7.5 滑阀式直动溢流阀

1—调节杆 2—调节螺母 3—调压弹簧 4—锁紧螺母 5—阀盖 6—阀体 7—阀芯 8—底盖

（3）思考题

1）主阀芯中心孔 a 的孔径很小，为什么？起什么作用？

2）为什么滑阀式直动溢流阀只适用于低压、小流量？

2. 中低压先导式溢流阀的拆装实验

（1）结构组成及工作原理

1）结构组成。如图 7.6 所示的 Y 型先导式溢流阀是一种中低压先导式溢流阀，由主阀体和先导调压阀两部分组成。

① 主阀体 4 上开有进油口 P、回油口 T 和安装主阀芯用的中心圆孔。

② 锥阀座 2 上开有远程控制口和安装先导锥阀芯用的中心圆孔（远控口是否接油路依据需要确定）。

③ 主阀芯 6 为阶梯轴，其中三个圆柱面与阀体有配合要求，并开有阻尼孔和泄油孔。泄油孔的作用是将先导阀左腔和主阀弹簧腔的油引至阀体的回油口，此种泄油方式称为内泄。

④ 调压弹簧 9 为先导阀芯施加较大压力，弹簧刚度比主阀弹簧 8 刚度大。

2）工作原理。如图 7.6 所示，系统压力油自进油口 P 进入，并通过主阀芯 6 上的阻尼孔 5 进入主阀芯上腔，再通过阀盖 3 上的通道和锥阀座 2 上的小孔作用在先导锥阀芯 1 上。当进油压力 p_1 小于先导阀调压弹簧 9 的调定值 p_p 时，先导阀关闭。由于主阀芯上、下两侧有效面积比 A_2/A_1 为 1.03~1.05（上侧有效面积稍大），作用在主阀芯上的压力差（p_1-p_2）和主阀弹簧力 F_t 使主阀口闭紧，主阀不溢流。当进油口压力超过先导阀调定压力时，先导阀被打开，压力油经主阀芯阻尼孔 5、先导阀口、主阀芯中心泄油孔 L、出油口（溢流口）T 流出。阻尼孔 5 处的压力损失使主阀芯上、下腔中的油液产生一个随先导阀流量增加而增

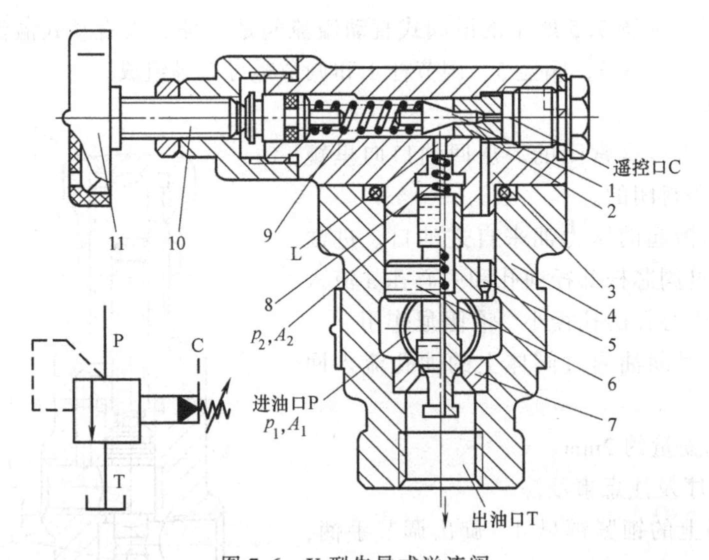

图 7.6　Y 型先导式溢流阀

1—先导锥阀芯　2—锥阀座　3—阀盖　4—主阀体　5—阻尼孔　6—主阀芯
7—主阀座　8—主阀弹簧　9—调压弹簧　10—调节螺母　11—调压手轮

加的压力差，当这个压力差大到足以克服主阀弹簧力 F_t、主阀自重 G 和摩擦力之和时，主阀开起。此时，进油口 P 与出油口 T 直接相通，造成溢流以保持系统压力 p_p。

(2) 拆装顺序及注意事项

1) 拧下调压手轮 11，拧松调节螺母 10，拧松遥控口 C 处的锁紧螺母。

2) 松开先导阀上的阀盖 3，从先导阀体内取出弹簧座、调压弹簧 9 和先导锥阀芯 1。

3) 拆开主阀体 4 和先导阀的连接，取出主阀弹簧 8 和主阀芯 6。注意：主阀座和锥阀座是压入阀体的，不拆。

4) 用光滑的挑针把密封圈撬出，并检查弹性和尺寸精度，如有磨损和老化应及时更换。

5) 在拆卸过程中，仔细观察先导锥阀芯和主阀芯的结构、主阀芯阻尼孔的大小，加深对先导式溢流阀工作原理的理解。

6) 按与拆卸相反的顺序装配。

(3) 思考题

1) 主阀芯的阻尼孔有何作用？可否加大或堵塞？有何后果？

2) 主阀芯的泄油孔如果被堵有何后果？如阀盖安装时错位了，有何后果？

3) 比较调压弹簧与主弹簧的刚度，并分析如此设计的原因。

3. 中低压先导式减压阀的拆装实验

(1) 结构组成及工作原理

1) 结构组成。如图 7.7 所示的 DR 型先导式减压阀是一种中低压先导式减压阀，主要由主阀体 1 (其上开有节流孔 7 和阻尼孔 8)、先导阀体 2、主阀芯 3、先导阀芯 6、单向阀 9、控制阀芯 13、调压弹簧 11 和主阀弹簧 12 等组成。

2) 工作原理。如图 7.7 所示，DR 型先导式减压阀由先导阀调压、主阀减压。进油口 B 压力 p_1 经减压后变为出口 A 压力 p_2，同时经主阀体上的节流孔 7、阻尼孔 8 进入主阀上腔

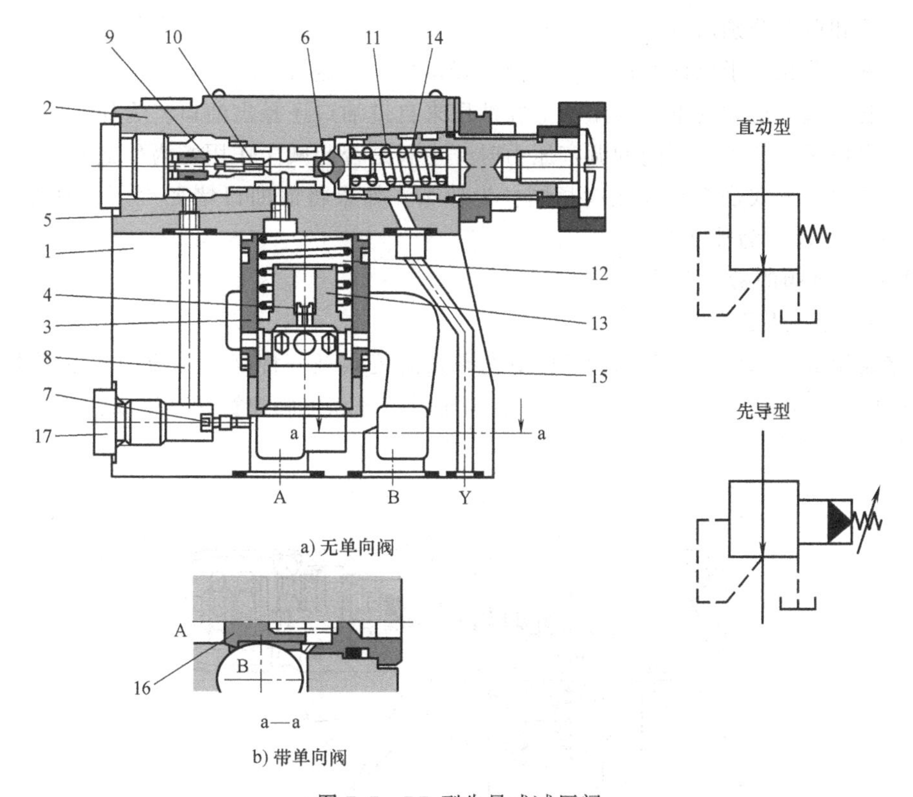

a) 无单向阀

b) 带单向阀

图 7.7　DR 型先导式减压阀

1—主阀体　2—先导阀体　3—主阀芯　4—过载保护器　5、8—阻尼孔　6—先导阀芯　7、10—节流孔　9—单向阀　11—调压弹簧　12—主阀弹簧　13—控制阀芯　14—弹簧腔　15—泄油口　16—单向阀　17—遥控口堵头

和先导阀进油腔，然后通过节流孔 10，作用在先导阀芯 6 上。

当出口压力 p_2 低于调定压力时，先导阀口关闭，阻尼孔 8 中没有液体流动，主阀芯上、下两侧的油压力相等，在弹簧力作用下处于最下端位置，主阀减压口全开，不起减压作用，$p_2 \approx p_1$。

当出口压力 p_2 超过调定压力时，出油口部分液体经节流孔 10、先导阀口、先导阀体 2 上的泄油口 Y 流回油箱。阻尼孔 5 有液体流出，使主阀芯 3 上、下腔产生压力差（$p_2>p_1$）。当此压差产生的作用力大于主阀弹簧力时，主阀上移，使减压口关小，减压作用增强，直至出口压力 p_2 稳定在先导阀所调定的压力值。

总之，减压阀是利用其出口压力作为控制信号，通过阻尼孔，使主阀上、下腔产生压差，当出口压力大于减压阀的调定压力时，先导阀开起，主阀芯上移，减压缝隙关小，自动调节主阀的开口度，通过改变液流阻力来保证出口压力恒定。

（2）拆装顺序及注意事项　先导式减压阀主要由先导阀与主阀两部分组成。它的拆装与先导式溢流阀基本相同，在拆装过程中请同学们自行分析主要零件结构及作用。

（3）思考题

1）试分析先导式减压阀的工作原理。

2）组成先导式减压阀的主要零件有哪些？这些元件和先导式溢流阀的类似元件在结构上有何异同？

3）减压和调压分别由哪部分完成？

4）观察阀芯相对于阀体的位置，是否有开口量或遮盖量？

5）控制主阀芯运动的下腔油压和上腔油压来自进油口还是出油口？为什么？

6）当出口压力低于减压阀的调定压力时，主阀是否起减压作用？为什么？

7）泄油口的形式是否和溢流阀相同？为什么？如果将泄油口堵死（不通油箱），先导式减压阀是否减压，为什么？

4. 高压溢流阀的拆装实验

（1）结构组成及工作原理

1）结构组成。如图 7.8 所示的 DB 型先导式溢流阀是一种高压溢流阀，主要由主阀芯 1、先导阀体 6、先导锥阀芯 7、主阀体 10、调压弹簧 8 和主阀弹簧 9 等组成，常态时主阀阀口是常闭的。

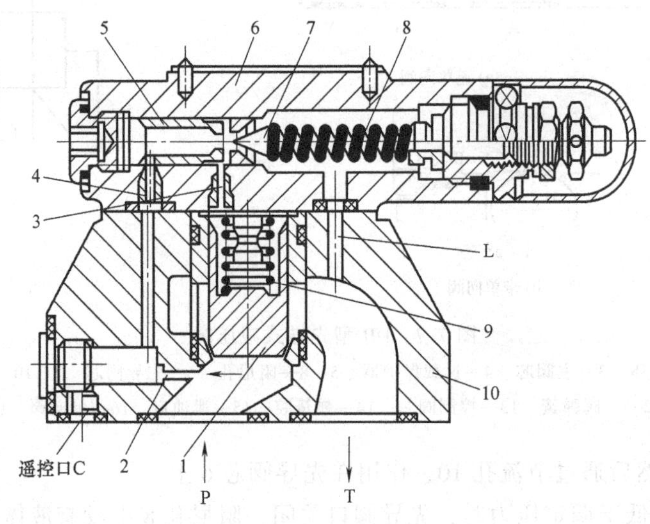

图 7.8　DB 型先导式溢流阀

1—主阀芯　2~4—阻尼孔　5—先导阀座　6—先导阀体　7—先导锥阀芯

8—调压弹簧　9—主阀弹簧　10—主阀体　L—泄油口

2）工作原理。DB 型先导式溢流阀的工作原理与 Y 型先导式溢流阀相同，不同的是油液从主阀下腔到主阀上腔，需经过三个阻尼孔，不设在主阀上，而设在阀体上。且阻尼孔 2 和 4 易调节，长径比小，不易堵塞，压力油经主阀下腔、阻尼孔 2 和 4 到先导阀前腔，与先导锥阀芯 7 平衡，再经过阻尼孔 3 作用于主阀上腔，从而控制主阀芯开起。阻尼孔 3 还用以提高主阀芯的稳定性。

（2）拆装顺序及注意事项

1）旋开先导阀上端的紧固螺钉，取下先导阀，再取出主阀弹簧和主阀芯。

2）旋松先导阀螺栓，可从先导阀内取出弹簧座、弹簧和先导阀芯。

3）旋出主阀体与先导阀体的连接螺栓，观察下端阻尼孔是否通畅，若看不清可用小针疏通。

（3）思考题

1）DB 型先导式溢流阀中阻尼孔 3 的作用是什么？

2）某先导式溢流阀的常见故障是下端阻尼孔堵死，若阻尼孔堵死，将有何后果？

7.4.4　液压缸的拆装实验

液压缸和液压马达是液压系统的执行元件，能将压力能变为机械能做功，液压缸输出直线运动而液压马达输出旋转运动。本实验选用双作用单杆液压缸来完成液压缸的拆装。

1. 结构组成及工作原理

1）结构组成。如图 7.9 所示，双作用单杆液压缸主要由以下部分组成。

① 缸体 11 是液压缸形成液压腔的主要零件，承受液体压力产生的载荷，内表面起密封和对活塞导向的作用。

② 活塞杆 12 是液压缸输出动力和运动的主要零件，承受拉、压、弯曲、振动、冲击等载荷的作用，必须具有足够的强度、刚度、稳定性和耐疲劳强度。

③ 端盖 15 装在液压缸靠近耳环一侧的端面上，和缸筒形成密封工作腔，承受液体压力产生的载荷，应具有足够的强度和刚度，连接性和密封性要好，检修调整方便。

④ 支撑环 9 对活塞杆起导向作用，保护活塞在往复运动过程中不歪斜、不卡死。

⑤ 活塞 8 是液压缸内作往复运动的主要零件。

2）工作原理。液压缸和液压马达一样，是利用密封工作腔容积的变化将液压能转变为机械能的装置，它依靠进油腔和回油腔的压力差促使活塞杆（或缸体）进行直线往复运动并输出作用力。

负载决定压力、流量决定速度这两个重要概念，仍然是分析问题的基础。液压缸压力的大小取决于负载的大小，若不考虑泄漏，活塞杆的运动速度只取决于进入液压缸的流量，与压力无关。对于单活塞杆液压缸来说，液压缸两腔的有效作用面积不同，当将相同压力和流量的液压油通给有杆腔和无杆腔时（另一腔接回油箱），活塞往复运动速度会是不同的，活塞两侧的液压力也是不等的。当无杆腔进油时，活塞有有效作用面积大，所以推力大，速度低；当有杆腔进油时，活塞的有效作用面积小，所以推力小，速度高。

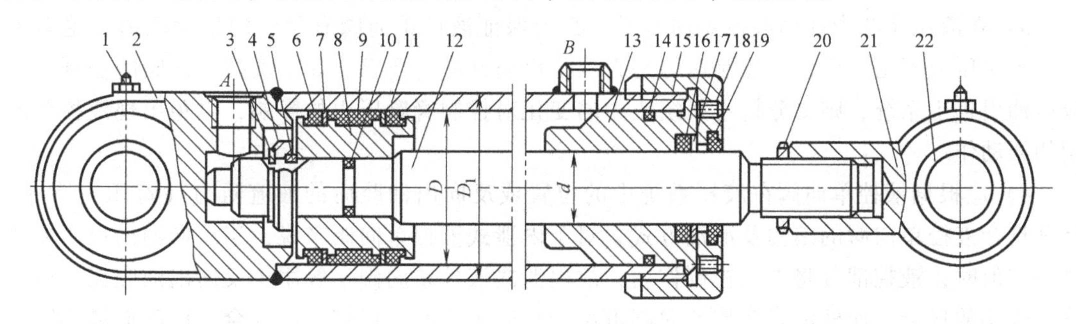

图 7.9　双作用单杆液压缸

1—螺钉　2—缸底　3—弹簧卡圈　4—挡环　5—卡环　6—密封圈　7—挡圈　8—活塞　9—支撑环　10—活塞与活塞杆之间的密封圈　11—缸体　12—活塞杆　13—活塞杆导向套　14—导向套和缸筒之间的密封圈　15—端盖　16—导向套和活塞杆之间的密封圈　17—挡圈　18—锁紧螺母　19—防尘圈　20—锁紧螺母　21—耳环　22—耳环衬套圈

2. 拆装顺序及注意事项

1）松开缸体固定螺栓。

2）取下端盖15，卸下缸体11。

3）分离前端盖与活塞杆的组合体。

4）将零件各部位的橡胶密封圈卸下。注意Y形密封圈的方向，此外活塞上的组合密封圈是无法取出的。

3. 思考题

1）活塞的Y形密封圈开口朝向何方？

2）什么是液压缸的有杆腔进油和无杆腔进油？

3）活塞上的组合密封圈有何不同于常用的O形密封圈，Y形密封圈，U形封圈的特点？

7.5　几种典型液压阀的使用注意事项

7.5.1　方向控制阀的使用注意事项

本小节主要介绍方向控制阀中的一种——单向阀的使用注意事项。单向阀的工作压力要低于其额定工作压力；通过单向阀的流量要在其额定流量范围之内，并且应不产生较大的压力损失。单向阀的开起压力有多种，应根据系统功能要求进行选择，应尽量低，以减小压力损失；作为背压功能的单向阀，其开起压力较高，通常由背压值确定。

1）在选用单向阀时，需要特别注意工作时流量应与阀的额定流量相匹配，当通过单向阀的流量远小于额定流量时，单向阀有时会产生振动。流量越小，开起压力越高，油中含气越多，越易产生振动。

2）使用单向阀时，一定要认清进油口、出油口的方向，保证安装正确，否则会影响液压系统的正常工作。特别是单向阀用在齿轮泵的出口时，如反向安装可能损坏齿轮泵或烧坏电动机。

3）在液压系统中使用液控单向阀时，必须保证液控单向阀有足够的控制压力，绝对不允许控制压力不足。应注意控制压力是否满足反向开起的要求，如果液控单向阀的控制端的液压油引自主系统，则要分析主系统压力的变化对控制管路压力的影响，以免出现液控单向阀的误动作。

4）应根据液控单向阀在液压系统中的位置或反向出油腔后的液流阻力（背压）大小，合理选择液控单向阀的结构及泄油方式。对于内泄式液控单向阀来说，当反向油出口压力超过一定值时，液控部分将失去控制作用，故内泄式液控单向阀一般用于反向出油腔无背压或背压较小的场合；而外泄式液控单向阀可用于反向出油腔背压较高的场合，以降低最小的控制压力，节省控制功率。

7.5.2　压力控制阀的使用注意事项

本小节主要介绍压力控制阀中的一种——减压阀的使用注意事项。

1）根据系统的工作压力和流量合理选择减压阀的额定压力和流量规格。

2）正确使用减压阀的连接方式，正确选用连接件（安装底板和管接头），并注意连接处的密封；阀的各个油口应正确地接入系统，外部泄油口必须直接接回油箱。

3）根据液压系统工况和具体要求选择减压阀类型，并注意减压阀起闭特性的变化趋势与溢流阀相反（即通过减压阀的流量增大时阀出口压力有所减小）。另外，应注意减压阀的泄油量较其他控制阀多，始终有油液从先导阀流出（有时多达 1L/min 以上），从而影响到液压泵流量和压力的选择。

4）根据减压阀在系统中的用途和作用确定和调节二次压力，必须注意减压阀的设定压力与执行器的负载压力的关系。主减压阀的二次压力设定值应高于远程调压阀的设定压力。二次压力的调节范围决定于所用调压弹簧的刚度和阀的通过流量。压力的调节应保证一次与二次压力之差最低为 0.3～1MPa。

5）调压时应注意方向，调压结束时应将锁紧螺母固定。

6）如果需通过先导减压阀的遥控口对系统进行多级减压控制，则应将遥控口的螺栓堵头拧下，将遥控口接入控制油路；若无需多级减压控制，应将遥控口严密封堵。

7）起卸荷作用的溢流阀的回油口应直接接回油箱，以减少背压。

8）减压阀出现调压失灵或噪声较大等故障时，应进行拆洗并正确安装，注意防止二次污染。

7.5.3　流量控制阀的使用注意事项

1. 节流阀的使用注意事项

1）节流阀不宜在较小开度下工作，否则极易导致阀口阻塞和执行器爬行。

2）对普通节流阀而言，有的产品的进出油口可以任意对调，但有的产品则不可以，使用时，应按照产品使用说明将节流阀正确地接入系统。

3）双向行程节流阀和单向行程节流阀可用螺钉固定在行程挡块路径的已加工基面上，安装方向可根据需要而定，挡块或凸轮的行程和倾角应参照产品说明制作，不应过大。

4）节流阀开度应根据执行器的速度要求进行调节，调后应锁紧，以防松动而改变。

2. 调速阀的使用注意事项

1）注意起动时的冲击问题。如果起动时液压缸产生前冲现象，可在调速阀中安装能调节减压阀芯行程的限位器，以限制和减小这种起动时的冲击，也可通过改变管路来避免这一现象。

2）使用时注意最小稳定压差。调速阀的最小稳定压差为 0.5～1MPa。

3）使用时注意方向性。调速阀（不带单向阀）通常不能反向使用，否则，定差减压阀将起不到压力补偿器的作用，此时调速阀也相当于节流阀了。

4）使用时要保证流量的稳定性。在接近最小稳定流量下工作时，建议在系统中调速阀的进口侧设置管路过滤器，以免阀阻塞而影响流量的稳定性，流量调整好后，应锁定调速阀的位置，以免改变调好的流量。

7.6　几种典型液压阀的常见故障及排除方法

1. 单向阀的常见故障及排除方法

单向阀的常见故障及排除方法见表 7.1。

表 7.1 单向阀的常见故障及排除方法

故障名称	原因分析	排除方法
吸空故障	单向阀安装位置不当,会造成自吸能力弱的液压泵的吸入空气故障,如单向阀不得不直接安装于液压泵出口时,应采取必要措施,防止液压泵产生吸空故障	①避免将单向阀直接安装于液压泵的出口 ②在连接液压泵和单向阀的接头或法兰上开一个排气口,松开排气螺塞,使泵内的空气直接排出 ③可自排气口向泵内灌油;使液压泵的吸油口低于油箱的最低液面,以便油液靠重力自动充满泵体 ④选用开起压力较小的单向阀
泄漏	①使用一段时间后,因阀座和阀芯的磨损而产生泄漏 ②内部弹簧损坏 ③污染物导致的阀芯或阀座接触不紧密 ④阀芯和钢球装配错位	①研磨修复阀座阀芯 ②更换弹簧 ③清洗阀芯与阀座接触面,去除污染物 ④按照正确位置安装
单向阀不起作用	①阀芯棱边的毛刺没有清洗干净,单向阀卡滞在打开位置 ②阀芯外径与阀孔内径配合间隙过小	①检查阀芯棱边,去除毛刺,清洗干净 ②更换阀芯

2. 液控单向阀的常见故障及排除方法

液控单向阀的常见故障及排除方法见表 7.2。

表 7.2 液控单向阀的常见故障及排除方法

故障名称	原因分析	排除方法
阀反向截止时,即控制口不起作用时,阀芯不能将液流反向封闭而产生泄漏	阀芯与阀座接触不紧密,阀体孔与阀芯的不同轴度过大,阀座压入阀体孔时有歪斜	重新修配研磨阀芯与阀座,或拆下重新压装,直至阀芯与阀座紧密接触为止
复式液控单向阀不能反向卸载	阀芯孔与控制活塞孔的同轴度超标、控制活塞端部弯曲,导致活塞顶杆顶不到卸载阀芯,使卸载阀芯不能开起	修复或更换阀芯
阀关闭时不能回到初始封油位置	阀体孔与阀芯的加工精度低或二者的配合间隙不当,弹簧断裂或过分弯曲而使阀芯卡滞	修复或更换阀芯
阀不能反向打开	①控制压力过低 ②控制管路接头漏油,管路弯曲、被压扁使油液流通不畅通 ③控制阀芯卡死 ④控制阀盖处泄漏	①提高控制压力使其达到要求值 ②拧紧接头,消除漏油原因或更换液压管路 ③清洗、研磨,使阀芯移动灵活 ④拧紧端盖螺钉,并保证拧紧力矩均匀

3. 换向阀的常见故障及排除方法

换向阀的常见故障及排除方法见表 7.3。

表 7.3　换向阀的常见故障及排除方法

故障名称	原 因 分 析	排 除 方 法
阀芯不能移动	液压油的黏度过大	更换黏度合适的液压油
	油温太高,阀芯因热变形而卡住	查找油温升高的原因并降低油温
	弹簧太软,阀芯不能自动复位;弹簧太硬,阀芯推不到位	更换合适的弹簧
	电磁换向阀的电磁铁损坏	修复或更换电磁铁
	阀芯表面划伤,阀体内孔划伤,油液污染使阀芯卡阻、阀芯弯曲	拆卸换向阀,仔细清洗,研磨修复或更换阀芯
	阀芯与阀体内孔配合间隙不当,间隙过大,阀芯在阀体内歪斜,卡住;间隙过小,摩擦阻力过大,阀芯无法移动	检查配合间隙,间隙太小,研磨阀芯,间隙太大,重配阀芯。也可以采用电镀工艺增大阀芯直径,阀芯直径小于 20mm 时,正常配合间隙 0.008~0.015mm
	连接螺钉有松有紧,使阀体变形,阀芯无法移动。另外,安装基面平面度超差,装配后接触面也会变形	松开全部螺钉,重新均匀拧紧。如果因安装基面平面度超差阀芯无法移动,则应重新研磨安装基面,使基面平面度达到规定要求
	液压换向阀的两端单向节流器失灵	仔细检查节流器是否堵塞、单向阀是否泄漏,并修复
操纵机构失灵	线圈绝缘不良	更换电磁线圈
	电磁铁铁芯轴线与阀芯轴线同轴度不够	拆卸电磁铁重新装配
	供电电压太高	按规定电压值来调整供电电压
	阀芯被卡住,电磁力推不动阀芯	拆开仔细检查弹簧、阀芯,修复或更换电磁铁线圈
	回油口被压过高	检查被压过高原因,根据故障原因解决问题
外泄漏	泄油腔压力过高,或 O 形密封圈失效造成电磁阀推杆处外泄漏	检查泄油腔压力,对于多个换向阀泄油腔串联接在一起的情况,应将他们分别接回油箱;更换密封圈
	安装面粗糙,安装螺钉松动,漏装 O 形密封圈或密封圈失效	磨削安装面使其粗糙度符合要求,通常阀的安装面粗糙度 Ra 不大于 0.8μm,补装或更换 O 形密封圈
噪声大	电磁铁推杆过长或过短	重新加工或更换推杆
	电磁铁铁芯的吸合面不平或接触不良	拆开电磁铁,修复吸合面,清除污物等

4. 溢流阀的常见故障及排除方法

溢流阀的常见故障及排除方法见表 7.4。

表 7.4　溢流阀的常见故障及排除方法

故障名称	原 因 分 析	排 除 方 法
系统压力波动	调压螺钉因振动使锁紧螺母松动而波动	重新调节并锁紧螺母
	液压油不够清洁使主阀芯滑动不灵活或卡死	定时清理油箱、管路,检查过滤系统
	主阀芯滑动不畅造成阻尼孔时堵时通	更换主阀芯和其他损坏零件

（续）

故障名称	原因分析	排除方法
系统压力波动	主阀芯的圆锥面与阀座的锥面基座接触不够良好，磨合度较差	重新磨合
	主阀芯的阻尼孔太大，没有起到阻尼作用	适当缩小阻尼孔直径
	先导阀调压弹簧弯曲，造成阀芯与锥阀座接触不好，磨损不均	重新调整弹簧
系统压力完全加不上去	主阀芯故障： ①主阀芯阻尼孔被完全堵死 ②装配质量差，在开起位置卡住 ③主阀芯复位弹簧折断或弯曲，使主阀芯不能复位	①拆开主阀，清洗阻尼孔 ②重新装配 ③更换折断弹簧
	先导阀故障： ①调整弹簧折断或未装入 ②锥阀或钢球未装入 ③锥阀芯碎裂	更换破损件或补装零件，使先导阀恢复正常工作
	远控口电磁阀未通电（常开型）或滑阀卡死	检查电源线路，查看电源是否接通
	液压泵故障： ①液压泵连接键脱落或滚动 ②滑动表面间间隙过大 ③叶片泵的叶片在转子槽内卡死 ④叶片和转子方向装反 ⑤叶片中的弹簧因所受到高频周期负载作用，而疲劳变形或折断	①更换或重新调整连接键并修理研磨键槽 ②修理研磨滑动表面间间隙 ③拆卸并清洗叶片泵的叶片和转子槽 ④按正确的方向重新安装 ⑤更换折断弹簧
	进出油口装反	按正确的方向重新安装
系统压力升不高	主阀故障： ①主阀芯锥面磨损或不圆，阀座锥面磨损或不圆 ②锥面上附着了污染物 ③锥面与阀座由于机械加工误差而不同心 ④主阀芯与阀座配合不严密，主阀芯卡滞或损坏 ⑤密封垫损坏或压盖螺栓松动等造成的主阀压盖处泄漏	①更换溢流阀或主阀芯及阀座 ②清洗去除污染物 ③清洗溢流阀或更换不合格零件 ④调整主阀芯与阀座的配合 ⑤更换密封垫，消除泄漏原因
	先导阀故障： ①锥阀与阀座磨损 ②锥阀接触面不圆 ③锥阀接触面太宽，容易进入污染物，或被胶质粘住	检修先导阀并更换不合格零件，使之达到使用要求
	远控口故障： ①远控口电磁常闭位置内漏严重 ②阀口处阀体与滑阀严重磨损 ③换向时滑阀未达到正确位置，造成油封长度不足 ④远控口管路有泄漏	①检查远控口产生内漏原因，及时修复 ②更换失效原件 ③检查滑阀换向不到位的原因，进行修复，保证油封达到规定标准 ④检查远控口管路，消除泄漏原因

（续）

故障名称	原因分析	排除方法
压力突然升高	主阀故障： ①主阀芯零件工作不灵敏，在关闭状态时突然被卡死 ②液压元件加工精度低、装配质量差，或油液过脏	检查清洗主阀芯，重新装配溢流阀
	先导阀阀芯与阀座接触面粘住脱不开，造成系统不能实现正常卸荷，调压弹簧弯曲	清洗先导阀，更换失效零件
压力突然下降	主阀故障： ①主阀芯阻尼孔突然被堵 ②主阀盖处密封垫突然破损 ③主阀芯工作不灵敏 ④先导阀芯突然破裂 ⑤调压弹簧突然折断	疏通阻尼孔，清洗阀；检修并更换失效件
	远控口故障： ①远控口电磁阀电磁铁突然断电使溢流阀卸荷 ②远控口管接头突然脱口或管子突然破裂	①检查并消除电气故障 ②修复远控管接口
振动和噪声大	系统压力的急剧下降，将会引起管路执行元件的振动，这种振动将会随着加压一侧的容量增大而增大	①使压力下降时间不小于0.1s ②在溢流阀的远控口接入固定节流阀 ③在远控管路中使用防振阀（单向节流阀）

附录

附录 A　0~60℃水的动力黏度表

0~60℃水的动力黏度表

温度 T/℃	黏度 μ/cP	温度 T/℃	黏度 μ/cP	温度 T/℃	黏度 μ/cP	温度 T/℃	黏度 μ/cP
0	1.7921	11	1.2713	21	0.9810	32	0.7679
1	1.7313	12	1.2363	22	0.9579	33	0.7523
2	1.6728	13	1.2028	23	0.9358	34	0.7371
3	1.6191	14	1.1709	24	0.9142	35	0.7225
4	1.5674	15	1.1404	25	0.8937	36	0.7085
5	1.5188	16	1.1111	26	0.8737	37	0.6947
6	1.4728	17	1.0828	27	0.8545	38	0.6814
7	1.4284	18	1.0559	28	0.8360	39	0.6685
8	1.3860	19	1.0299	29	0.8180	40	0.6560
9	1.3462	20	1.0050	30	0.8007	50	0.5494
10	1.3077	20.2	1.0000	31	0.7840	60	0.4688

注：1. 黏度单位的换算关系：

1Pa·s（帕·秒）= 1000mPa·s（毫帕·秒）= 10P（泊）

1P（泊）= 100cP（厘泊）= 0.1Pa·s（帕·秒）

1cP（厘泊）= 1mPa·s（毫帕·秒）

2. 动力黏度 = 运动黏度×密度，即 $v=\mu/\rho$，$\mu=v\rho$。

附录 B　1990 国际温标下纯水的密度表

1990 国际温标下纯水的密度表　　（单位：kg/m^3）

t_{90}/℃	0	0.1	0.2	0.3	0.4	0.5	0.6	0.7	0.8	0.9
0	999.84	999.846	999.853	999.859	999.865	999.871	999.877	999.883	999.888	999.893
1	999.898	999.904	999.908	999.913	999.917	999.921	999.925	999.929	999.933	999.937
2	999.94	999.943	999.946	999.949	999.952	999.954	999.956	999.959	999.961	999.962
3	999.964	999.966	999.967	999.968	999.969	999.97	999.971	999.971	999.972	999.972

（续）

t_{90}/℃	0	0.1	0.2	0.3	0.4	0.5	0.6	0.7	0.8	0.9
4	999.972	999.972	999.972	999.971	999.971	999.97	999.969	999.968	999.967	999.965
5	999.964	999.962	999.96	999.958	999.956	999.954	999.951	999.949	999.946	999.943
6	999.94	999.937	999.934	999.93	999.926	999.923	999.919	999.915	999.91	999.906
7	999.901	999.897	999.892	999.887	999.882	999.877	999.871	999.866	999.88	999.854
8	999.848	999.842	999.836	999.829	999.823	999.816	999.809	999.802	999.795	999.788
9	999.781	999.773	999.765	999.758	999.75	999.742	999.734	999.725	999.717	999.708
10	999.699	999.691	999.682	999.672	999.663	999.654	999.644	999.634	999.625	999.615
11	999.605	999.595	999.584	999.574	999.563	999.553	999.542	999.531	999.52	999.508
12	999.497	999.486	999.474	999.462	999.45	999.439	999.426	999.414	999.402	999.389
13	999.377	999.384	999.351	999.338	999.325	999.312	999.299	999.285	999.271	999.258
14	999.244	999.23	999.216	999.202	999.187	999.173	999.158	999.144	999.129	999.114
15	999.099	999.084	999.069	999.053	999.038	999.022	999.006	998.991	998.975	998.959
16	998.943	998.926	998.91	998.893	998.876	998.86	998.843	998.826	998.809	998.792
17	998.774	998.757	998.739	998.722	998.704	998.686	998.668	998.65	998.632	998.613
18	998.595	998.576	998.557	998.539	998.52	998.501	998.482	998.463	998.443	998.424
19	998.404	998.385	998.365	998.345	998.325	998.305	998.285	998.265	998.244	998.224
20	998.203	998.182	998.162	998.141	998.12	998.099	998.077	998.056	998.035	998.013
21	997.991	997.97	997.948	997.926	997.904	997.882	997.859	997.837	997.815	997.792
22	997.769	997.747	997.724	997.701	997.678	997.655	997.631	997.608	997.584	997.561
23	997.537	997.513	997.49	997.466	997.442	997.417	997.393	997.396	997.344	997.32
24	997.295	997.27	997.246	997.221	997.195	997.17	997.145	997.12	997.094	997.069
25	997.043	997.018	996.992	996.966	996.94	996.914	996.888	996.861	996.835	996.809
26	996.782	996.755	996.729	996.702	996.675	996.648	996.621	996.594	996.566	996.539
27	996.511	996.484	996.456	996.428	996.401	996.373	996.344	996.316	996.288	996.26
28	996.231	996.203	996.174	996.146	996.117	996.088	996.059	996.03	996.001	996.972
29	995.943	995.913	995.884	995.854	995.825	995.795	995.765	995.753	995.705	995.675
30	995.645	995.615	995.584	995.554	995.523	995.493	995.462	995.431	995.401	995.37
31	995.339	995.307	995.276	995.245	995.214	995.182	995.151	995.119	995.087	995.055
32	995.024	994.992	994.96	994.927	994.895	994.863	994.831	994.798	994.766	994.733
33	994.7	994.667	994.635	994.602	994.569	994.535	994.502	994.469	994.436	994.402
34	994.369	994.335	994.301	994.267	994.234	994.2	994.166	994.132	994.098	994.063
35	994.029	993.994	993.96	993.925	993.891	993.856	993.821	993.786	993.751	993.716
36	993.681	993.646	993.61	993.575	993.54	993.504	993.469	993.433	993.397	993.361
37	993.325	993.28	993.253	993.217	993.181	993.144	993.108	993.072	993.035	992.999
38	992.962	992.925	992.888	992.851	992.814	992.777	992.74	992.703	992.665	992.628
39	992.591	992.553	992.516	992.478	992.44	992.402	992.364	992.326	992.288	992.25

（续）

t_{90}/℃	0	0.1	0.2	0.3	0.4	0.5	0.6	0.7	0.8	0.9
40	992.212	991.826	991.432	991.031	990.623	990.208	989.786	987.358	988.922	988.479
50	988.03	987.575	987.113	986.644	986.169	985.688	985.201	984.707	984.208	983.702
60	983.191	982.673	982.15	981.621	981.086	980.546	979.999	979.448	978.89	978.327
70	977.759	977.185	976.606	976.022	975.432	974.837	974.237	973.632	973.021	972.405
80	971.785	971.159	970.528	969.892	969.252	968.606	967.955	967.3	966.639	965.974
90	965.304	964.63	963.95	963.266	962.577	961.883	961.185	960.482	959.774	959.062
100	958.345									

参 考 文 献

[1] 吴向东，李卫东. 液压与气压传动 [M]. 北京：北京航空航天大学出版社，2018.

[2] 王占林. 近代电气液压伺服控制 [M]. 北京：北京航空航天大学出版社，2005.

[3] 周涓生. 最新温标纯水密度表 [J]. 计量技术，2000 (3)：40-42.

[4] 昆山同创科教设备有限公司. TC-GY03 型电液比例综合控制实验系统说明书 [Z]. 2017.

[5] 昆山同创科教设备有限公司. TC-GY04C 型电液比例伺服控制综合实验系统说明书 [Z]. 2017.

[6] 昆山同创科教设备有限公司. TC-QP02 型（开式）双面气动 PLC 控制综合实验台说明书 [Z]. 2017.

[7] 昆山同创科教设备有限公司. 数字型流体力学综合实验装置说明书 [Z]. 2017.